U0291505

ANDREW MARTIN

25th

INTERIOR DESIGN REVIEW

第25届 安德鲁·马丁国际室内设计大奖获奖作品

［英国］马丁·沃勒 编著

卢从周 译

北京安德马丁文化传播有限公司 总策划

凤凰空间 出版策划

江苏凤凰科学技术出版社 · 南京

图书在版编目（CIP）数据

第 25 届安德鲁·马丁国际室内设计大奖获奖作品 /（英）马丁·沃勒编著 ；卢从周译 . -- 南京 ：江苏凤凰科学技术出版社，2022.1（2022.2 重印）

ISBN 978-7-5713-2562-6

Ⅰ . ①第… Ⅱ . ①马… ②卢… Ⅲ . ①室内装饰设计－作品集－世界－现代 Ⅳ . ① TU238.2

中国版本图书馆 CIP 数据核字 (2021) 第 239344 号

第 25 届安德鲁·马丁国际室内设计大奖获奖作品

编　　著　[英国] 马丁·沃勒
译　　者　卢从周
项目策划　杜玉华
责任编辑　赵　研　刘屹立
特约编辑　杜玉华

出版发行　江苏凤凰科学技术出版社
出版社地址　南京市湖南路 1 号 A 楼，邮编：210009
出版社网址　http://www.pspress.cn
总 经 销　天津凤凰空间文化传媒有限公司
总经销网址　http://www.ifengspace.cn
印　　刷　北京博海升彩色印刷有限公司

开　　本　965 mm × 1270 mm　1/16
印　　张　33
插　　页　4
字　　数　50 000
版　　次　2022 年 1 月第 1 版
印　　次　2022 年 2 月第 3 次印刷

标准书号　ISBN 978-7-5713-2562-6
定　　价　598.00 元（精）

25年来，世界各地著名的设计师们上演着设计的大戏，而我很荣幸地坐在了第一排。

多种风格、多种影响聚合在一起犹如令人兴奋的马赛克，我称之为“万花筒”年代。《安德鲁·马丁国际室内设计大奖获奖作品》一直努力地以自己的方式记录着并反映着室内设计的历史和时代精神的持续演变。

让我们回顾25位年度大奖得主中的部分设计师：从1996年开创性提出“东方遇见西方”设计理念的凯莉·赫本、创造历史的第一位设计清真寺的女性设计师泽伊内普·法蒂里奥格鲁、阿塞尔·维伍德影响深远的质朴、非洲部落艺术的传播者斯蒂芬·法尔克、激情四溢的基特·肯普、马丁·劳伦斯·布拉德的名人社交圈、豪尔赫·卡内特富有诗意的魔力，到2020年中国设计黄金一代的领军人物吴滨。

每年评选出唯一的全球年度大奖是一件艰苦的任务。很庆幸，今年的评审成员包括了著名的滚石乐队的罗尼·伍德，偶像团体立体音响乐团主唱凯利·琼斯，制片人兼女演员萨莉·汉弗莱斯和天才导演雅基·琼斯。

最终我们评委明确地选定著名的设计师和学者托马斯·杰恩为全球大奖得主。他可以称得上是当今最好的美式室内设计的诠释者，他为设计的“万花筒”增加了一层美丽。

马丁·沃勒

目录

杰恩设计工作室

设计师：托马斯·杰恩（Thomas Jayne）

公司：杰恩设计工作室

该工作室位于美国纽约，专注于创造个性化、舒适的室内设计，这些设计立足于现在，但又吸收了传统的元素。30多年来，该公司将古代和现代设计元素完美融合，以创新的细节和对历史装饰的借鉴而闻名。最近的作品包括瑞士温特图尔博物馆的导演之家、南非牡蛎湾的一座海滨别墅和美国查尔斯顿市一座18世纪的重要住宅。目前的项目包括美国帕利塞兹的新房屋、圣巴巴拉20世纪初的西班牙小屋、费城俯瞰独立厅的现代公寓以及位于曼哈顿的二战前复式公寓。

设计理念：传统即是现在

REPENT
COME HOME
ANYTIME
God is Love
CATHARINA MARGARETHA

扎哈·哈迪德
建筑师事务所

设计师： Kar-HwaHo

公司： 扎哈 · 哈迪德建筑师事务所（ZHA）

该事务所位于英国伦敦，以便与那些在全球享有卓越声誉的客户合作，该事务所重新定义了21世纪的建筑，它拥有一系列捕获全球想象力的项目。目前的项目包括位于中国的上海高端奢侈品店面、香港一处联排别墅的室内设计和广州的一处企业总部。最近的项目包括阿联酋迪拜和中国澳门的酒店，以及美国迈阿密的住宅公寓。

设计理念： 视觉丰富的室内设计是以空间构图的形式构建的，可以激发感知，并鼓励探索。这些参与行为在访客与他人及周围建筑互动时，向他们灌输了一种主人翁意识

4 FT

刘建辉

设计师： 刘建辉（Idmen Liu）

公司： 矩阵IDM设计研究中心

该公司位于中国深圳，从生于矩阵纵横，是致力于全生命周期设计实操的学术化设计研究中心。IDM设计研究中心以“自然人居”为调研方向，形成具有实验性与先锋性的文化研究及创作的良性互动方法及战略思考，坚守“新亚洲”美学，形成可持续性、文化性、艺术性与哲学性回归的东方理念，聚焦城市更新与未来社区，关注乡村建设与“后城市化”发展，着力文化学术类建筑、古建筑修复和文物保护。

设计理念： 可持续性、文化性、艺术性与哲学性

CHRISTIAN DIOR
FREDDIE MERCURY

凯蒂·里德

设计师：凯蒂·里德（Katie Ridder）

公司：凯蒂·里德公司

该公司位于美国纽约，专门从事美国独具想象力的住宅室内设计，并设计了一系列标志性的壁纸和面料。目前的项目包括美国纽约的海滨别墅、达拉斯的家庭住宅，以及纽约第五大道和中央公园西面的公寓。最近的工作包括美国亚拉巴马州和加利福尼亚州的住宅，以及纽约第五大道公寓的翻新。

设计理念：丰富多彩的传统主义

CATCH-22

张灿、李文婷

设计师：张灿（Zhang Can，左上）、
李文婷（Li Wenting，左下）

公司：CSD设计事务所

该事务所位于中国成都，创立于1998年，是集建筑设计、室内设计、软装设计、陈设设计、园林设计、平面设计、品牌策划于一体的综合性、研究性、国际化的专业设计品牌，在酒店、办公、会所、文创、豪宅等多类型空间的综合性设计研究上有独特见解。目前的项目包括中国雅安的度假酒店、绵阳的一家博物馆酒店和剑门关的度假酒店。最近的作品包括松阳心第精品酒店、腾冲泊度度假酒店，以及柄灵石窟的游客中心。

设计理念：回归本真的空间，直抵内心的设计

格雷辛娜·维特博

设计师： 格雷辛娜·维特博（Gracinha Viterbo）

公司： 维特博室内设计公司

该公司位于葡萄牙里斯本，成立于40年前，这是一家家族式工作室，专门为私人住宅和国际精品酒店提供豪华室内设计。最近的项目包括里斯本19世纪宫殿的修复，里斯本奢华地产卡斯蒂略203（Castilho 203）的装修以及意大利托斯卡纳的一处美丽庄园。目前的项目包括西班牙位于亚速尔群岛的一家五星级酒店，位于阿尔加维昆塔多拉戈的一座高级海滩别墅，以及位于孔波塔的一座别墅。

设计理念： 个性化、独具特色

Fun
Chic

FORNASETTI

Creative
Grateful

BAR

TREASURES OF
Clever
Singular

THERE ARE
ARTISTS
AMONG US

阿尔比恩·诺德工作室

设计师：卡米拉·克拉克（ Camilla Clarke ）、奥塔莉·斯特莱德（Ottalie Stride）、本·约翰逊（Ben Johnson）、安东尼·库伯曼（Anthony Kooperman）

公司：阿尔比恩·诺德工作室

该工作室位于英国伦敦，专注于全球的高档住宅和酒店设计。目前的住宅项目包括英国牛津郡的私人乡村庄园、迈达谷的家庭住宅和伦敦的地标酒店。最近的项目包括英国伯克郡的一处私人乡村庄园，切尔西豪宅的两座联排别墅以及荷兰公园的25套公寓。

设计理念：纯正、精心策划，新旧结合

Alvar Aalto

London

ROUGE ABSOLU设计公司

设计师： 杰拉尔丁 · B. 普瑞尔（G é raldine B. Prieur）

公司： ROUGE ABSOLU设计公司

该公司在法国巴黎、英国伦敦、美国洛杉矶都设有办公室，主要承接世界各地的住宅、酒店和私人飞机的豪华室内设计，该工作室还为著名的国际品牌进行场景设计。目前的项目包括巴黎和伦敦的住宅、洛杉矶的一座别墅和阿联酋迪拜的一架私人飞机。最近的项目包括位于美国汉普顿的一座久负盛名的别墅，一家法国奢侈品牌的魔幻场景设计，以及一位名人在伦敦的住宅项目。

设计理念： 大胆创造

LOUIS VUITTON : 100 MALLES DE LÉGENDE

奥尔加·塞多瓦、普罗克·马舒科夫

ЛИКОСВЕТСКОЕ
КИНОДРАМА
ПАРИ
САМСОН

设计师：奥尔加·塞多瓦（Olga Sedova，图右）、普罗克·马舒科夫（Prokhor Mashukov，图左）

公司：ONLY设计工作室

该工作室位于俄罗斯莫斯科，专注于公寓、住宅、咖啡馆和餐厅的室内设计。目前的项目包括位于卢森堡的一所房子，俄罗斯莫斯科的一座房子和公寓。最近的项目包括位于拉脱维亚里加的一套公寓，位于斯洛文尼亚的一座房子和位于俄罗斯莫斯科的一套公寓。

设计理念：魅力朋克

2 СТЕНБЕРГ 2
ВЫПУСК
СОВКИНО

迈拉·库特苏达基斯

设计师： 迈拉 · 库特苏达基斯（Maira Koutsoudakis）

公司： LIFE室内设计公司

该公司位于南非约翰内斯堡，20多年来专注于独家可持续设计。目前的作品包括位于肯尼亚塞盖拉（Segera）和阿里吉菊（Arijiju）的生态休养地和艺术画廊；位于以色列特拉维夫的一栋6层包豪斯住宅；位于尼日利亚拉各斯的当代阁楼和位于南非“人类摇篮”遗址附近的一座错落有致的别墅。最近的项目包括塞卡斯岛，该岛位于巴拿马，由14个私人岛屿组成的生态休养半岛；北岛，这是位于塞舌尔的一个私人发展项目；位于希腊塞里福斯岛的豪华住宅群；位于纳米比亚的三个沙漠绿洲和位于刚果（金）丛林中的两个生态营地。

设计理念： 岛上酒店、传统和可持续发展，当代有机时尚

吴滨

设计师： 吴滨（Ben Wu）

公司： 无间设计

无间设计，由著名设计师吴滨创立，位于中国上海，以中国传统文化为土壤，致力于生活观念的启迪与对未来的洞察与尝试，开创独一无二的“摩登东方”设计语言，以自迭代和再创新的源生力量，深远影响中国乃至全球的设计与生活方式。

无间设计拥有一支具有国际化视野的团队，形成了集建筑、室内、软装、产品设计于一体的专业体系，为空间赋予独一价值，已为中国TOP50房地产品牌提供服务。可结合设计、品牌、商业、人群及定位需求，为客户提供全考量、定制化的解决方案。目前的项目包括中国天津和上海的展厅，以及上海的豪华别墅。最近的项目是绍兴的一个展厅。

设计理念： 摩登东方

伍德森和拉莫菲尔德

HERB RITTS L.A. STYLE
FACTORY
WARHOL
SHORE

设计师：罗恩·伍德森（Ron Woodson，图右）、杰米·拉莫菲尔德（Jaime Rummerfield，图左）

公司：伍德森和拉莫菲尔德

该公司位于美国洛杉矶，是一家受人尊崇的品位营造机构，专门从事住宅和商业室内设计，将历史、传统和奢华结合起来，为独具慧眼的客户提供服务。目前的项目包括美国位于旧金山的家庭住宅，位于缅因州的包豪斯海滩房屋修复，以及位于洛杉矶的屋顶公司办公室、美术馆和阁楼。最近的工作包括在好莱坞由建筑师理查德·纽特拉建造的历史保护住宅、位于加利福尼亚州的阿瑟顿大型家庭住宅以及位于加利福尼亚州的卢斯费利斯和贝弗利山的庄园。

设计理念：现代富足

Carine Roitfeld irreverent

斯蒂芬妮·库塔斯

设计师：斯蒂芬妮 · 库塔斯（ Stéphanie Coutas ）

公司：斯蒂芬妮 · 库塔斯公司

该公司位于法国巴黎，是一支由20位多才多艺的各国专家组成的国际团队，与法国顶级工匠和国际知名艺术家密切合作。业务范围包括公寓、别墅、酒店、水疗中心和餐厅。目前的项目包括法国位于圣特洛佩兹的三栋房屋（团队正在那里进行景观美化和室内装修），位于巴黎的一栋带300平方米露台和屋顶花园的顶楼公寓，一家法国南部的酒店（是新的生活艺术连锁店的一部分）。最近的项目包括法国巴黎的一座艺术别墅、一座位于圣巴特的海滨别墅，以及一套能俯瞰埃菲尔铁塔的新公寓。

设计理念：将生活艺术与独特的遗产和文化相融合

苏菲·佩特森

设计师：苏菲 · 佩特森（Sophie Paterson）

公司：苏菲 · 佩特森室内设计工作室

该公司位于英国，专业从事豪华室内设计。目前的项目包括位于阿曼的两栋大型别墅，英国位于伦敦北部的一栋新建大型住宅，以及位于切尔西、肯辛顿和骑士桥的多处列入文物保护名册的地产。最近的工作包括英国位于肯辛顿的佐治亚风格联排别墅、位于梅菲尔的新建当代顶楼公寓和位于切尔西豪华公寓。

设计理念：宜居奢华

The Foraged Home
gestalten
The New Mediterranean

RICARDO BOFILL
EYEMAZING

SALLY MANN a thousand crossings

设计师：玛丽·道格拉斯·德莱斯代尔（Mary Douglas Drysdale）

公司名称：玛丽·道格拉斯·德莱斯代尔室内设计工作室

该工作室位于美国华盛顿，在历史和现代建筑、装饰和艺术布置方面具有专长。目前的项目包括荷兰建筑师皮埃特·布恩设计的现代住宅的室内设计，开发和设计杜邦盖特酒店（Gate House Dupont，这是艺术收藏家和设计师的奢华目的地），以及为美国华盛顿一位著名艺术家的住宅制定设计方案。最近的项目集中在美国，包括一座位于波士顿的现代顶楼公寓，一座位于马里兰州贝塞斯达的顶楼公寓，一座位于纽约公园大道的公寓和一处位于加利福尼亚州卵石滩的庄园。

设计理念：与我们的客户合作，创造美丽、极具功能性的室内设计

玛丽·道格拉斯·德莱斯

尔

PHOTOGRAPHS
VICTORIA HAGAN DREAM
TRICIA GUILD PAINT BOX
GREEK REVIVAL AMERICA
dic·tion·ar·y

米歇尔·努斯鲍默

设计师： 米歇尔 · 努斯鲍默（Michelle Nussbaumer）

公司： 锡兰与西伊

该公司位于美国达拉斯，擅长从传统世界得来灵感转化为现代、充满感情的室内装饰，从私人住宅到精品店和豪华酒店，不一而足。目前的项目包括美国位于加利福尼亚州拉古纳海滩的一个家庭住宅区、位于得克萨斯州西部的一处庄园和墨西哥圣卢卡斯卡波的一个海滩别墅区。最近的项目包括位于美国达拉斯的斯洛库姆仓库、位于墨西哥圣米格尔的米歇尔的住宅，以及位于美国达拉斯的格温妮丝 · 帕特洛的Goop快闪店。

设计理念： 对为冒险生活搭建舞台充满热情

柯莱特范·登蒂拉特

设计师： 柯莱特范 · 登蒂拉特（Colette van den Thillart）

公司： 柯莱特范 · 登蒂拉特室内设计工作室

该工作室位于加拿大多伦多。目前的项目包括位于意大利罗马的住宅，位于加拿大多伦多的私人住宅，位于美国迈阿密的海滨公寓和20世纪中期的现代遗产翻新项目。最近的项目包括位于加拿大多伦多的一些公寓、家庭住宅和行政办公室，以及位于美国纽约、洛杉矶和位于英国的住宅。

设计理念： 提升和体验

LOULOU
TIM WALKER STORY TELLER

LUCIAN FREUD
New York
PERU
TOM WESSELMANN

ARRCC设计工作室

设计师：马克·瑞利（Mark Rielly）、乔恩·凯斯（Jon Case）、米歇尔·罗达（Michele Rhoda）

公司： ARRCC设计工作室

该工作室位于南非开普敦，是一家备受赞誉的设计机构，专门从事全球住宅、酒店和休闲室内设计。目前的工作包括位于迪拜的14 000平方米家庭住宅，与SAOTA设计事务所和Admares设计事务所合作的一系列独家漂浮别墅，以及位于英国伦敦贝尔格拉维亚的现有联排别墅的翻新。最近的项目包括位于英国新开发的扎哈·哈迪德大楼的豪华顶楼公寓，位于美国迈阿密的千号馆（One Thousand Museum）、位于俄罗斯莫斯科河上一座岛上的松林中的现代住宅，以及位于南非萨比桑德野生动物保护区的豪华狩猎小屋。

设计理念：营造提升生活的室内空间

吴立成

设计师：吴立成（Wu Licheng）

公司全称：广州绘意明成建筑工程设计有限公司

该公司位于中国广州，专注于餐饮、酒店、会所、建筑等公共空间设计，以及跨界艺术创作。近期完成的项目有：彩·威士忌酒吧、珍飨·中餐厅。目前的项目包括晓宇火锅店、略味法式甜品餐吧分店、白鹿仓温泉和私人住宅。

设计理念：坚持独特的原创理念，不受时代特征的制约，表达情感和特有的感觉

凯瑟琳·普丽

设计师： 凯瑟琳 · 普丽（Katharine Pooley）

公司： 凯瑟琳 · 普丽有限公司

该公司位于英国伦敦，凯瑟琳 · 普丽的设计涵盖多种建筑风格，以美丽、奢华、兼收并蓄和独创性而闻名。目前的项目包括法国可以俯瞰戛纳的克罗伊花园城堡、一艘超级游艇和一个位于摩纳哥的突破性的住宅开发项目。最近的项目包括位于科威特的一个宫殿般别墅，位于中国香港的一座可以俯瞰愉景湾的现代私人住宅和位于瑞士泽马特的一座小屋。

设计理念： 力求与众不同

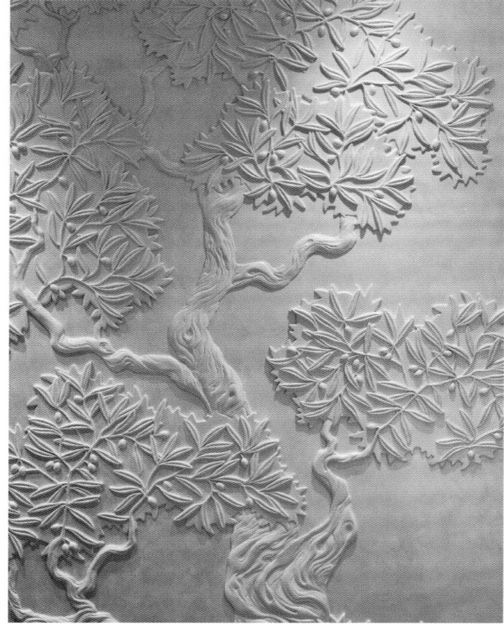

于鹏杰

STAR
MANSION
STAR
MANSION
Life is
like a box of
chocolates
you never
konw what
you're going
to get

设计师：于鹏杰（David Yu）

公司：Matrixing纵横

该公司位于中国上海，创立于2010年，是矩阵纵横旗下专注于地产创新设计的子品牌，始终以“实现大众对美好生活的向往”为设计出发点，通过创新思考及专业服务，为人居赋能，致力于通过自身行业影响力，积极参与行业整合升级，力图用智慧与责任展示设计魅力，做人居美好生活的践行者。

设计理念：顺应时代，创新思考

CLAUDIO NARDI

妮妮·安德雷德·席尔瓦工作室

设计师： 妮妮 · 安德雷德 · 席尔瓦（Nini Andrade Silva）

公司： 妮妮 · 安德雷德 · 席尔瓦工作室

该工作室位于葡萄牙里斯本，业务范围涵盖住宅、酒店、办公室、机构、零售、餐饮。目前的项目包括位于巴西的圣保罗酒店和公寓、位于葡萄牙的波尔图盖亚希尔顿酒店和一座位于英国伦敦切尔西广场的私人住宅。最近的项目包括里葡萄牙位于斯本机场贵宾休息室，位于马德拉岛上令人印象深刻的萨伏伊皇宫酒店和位于波尔图的富兹别墅酒店及水疗中心。

设计理念： 不做潮流的追随者，只做潮流的创造者

501

张清平

设计师： 张清平（Chang, Ching-Ping）

公司： 天坊室内计划有限公司

该公司位于中国台湾，专注于全世界奢华室内设计，包括私人住宅、豪华住宅开发和精品酒店等。目前的项目包括中国武汉当代天誉营销中心、台湾南部桂田酒店、台湾中部宝格住宅。

设计理念： 心奢华

PIAGET
THE LOUVRE

HIGH-
LIGHTS

NO.01
NO.02
NO.04

凯莉·赫本

设计师：凯莉 · 赫本（Kelly Hoppen CBE）

公司：凯莉 · 赫本室内装饰公司

该公司位于英国伦敦，凯莉 · 赫本是一位屡获殊荣的室内设计师，拥有丰富的室内设计经验，业务范围包括豪华住宅、私人住宅、游艇、私人飞机、五星级度假酒店和各种商业项目。最近的项目包括位于澳大利亚的一处豪华顶楼公寓，位于毛里求斯的一座五星级酒店以及位于中国成都的几处精装房地产项目。目前的项目包括位于英国的各种私人地产，位于摩纳哥的一处私人住宅和一艘豪华游轮。

设计理念：融合干净的线条、纹理、层次和中性色调，与奢华的温暖相均衡

EIFFEL TOWER

Peter Lindbergh

Architectural
TASCHEN

NB
工作室

设计师：娜塔莉亚 · 贝洛诺戈娃（Natalia Belonogova）

公司：NB工作室

该工作室位于俄罗斯莫斯科，自2005年起，便专注于餐厅、精品酒店和私人住宅的室内设计。最近的项目包括位于莫斯科的三家餐厅和一套私人公寓。目前的项目包括一家法国南部的酒店，位于俄罗斯莫斯科的精品酒店、五家餐厅，位于乌克兰基辅的两家餐厅和位于美国纽约的一家餐厅。

设计理念：打造情感和快乐的体验

SMEG
smeg

谢培河

设计师：谢培河（Xie Peihe）

公司：艾克建筑设计

该公司位于中国深圳，致力于建筑及室内空间独特视角的设计与研究，为每个项目打造独特的视觉艺术。目前的项目包括吴会所，艾伦·余的《GENTLE L》和《Novacolor》展厅。近期项目包含深圳、北京、上海大董餐厅，欧文莱陶瓷总部等。

设计理念：人心与空间同振共鸣，即是遇见美好

帕特里克·萨顿

设计师：帕特里克 · 萨顿（Patrick Sutton）

公司：帕特里克 · 萨顿工作室

该工作室位于美国巴尔的摩，于1994年开业，是美国豪华室内设计行业的领导者。帕特里克的作品已被广泛出版，他的项目“萨加莫尔 · 朋德利酒店（Sagamore Pendry）”被《悦游》杂志评选为“2018读者之选美国第一酒店”。目前的项目包括美国位于里霍博斯比奇的一座1394平方米的海滨木瓦风格住宅，位于华盛顿特区的一座当代房屋的翻新和扩建，以及为休斯敦的一个新的混合用途开发项目提供一个主题餐厅室内设计。最近的项目包括美国位于巴尔的摩四季酒店的拉丁美洲餐厅，位于马里兰州费尔斯角历史悠久的百老汇市场的Choptank海鲜餐厅，以及位于马里兰州波托马克的一处面积为2000多平方米的私人住宅。

设计理念：讲述客户的希望、梦想和愿望的故事

蒂莫西·奥尔顿
工作室

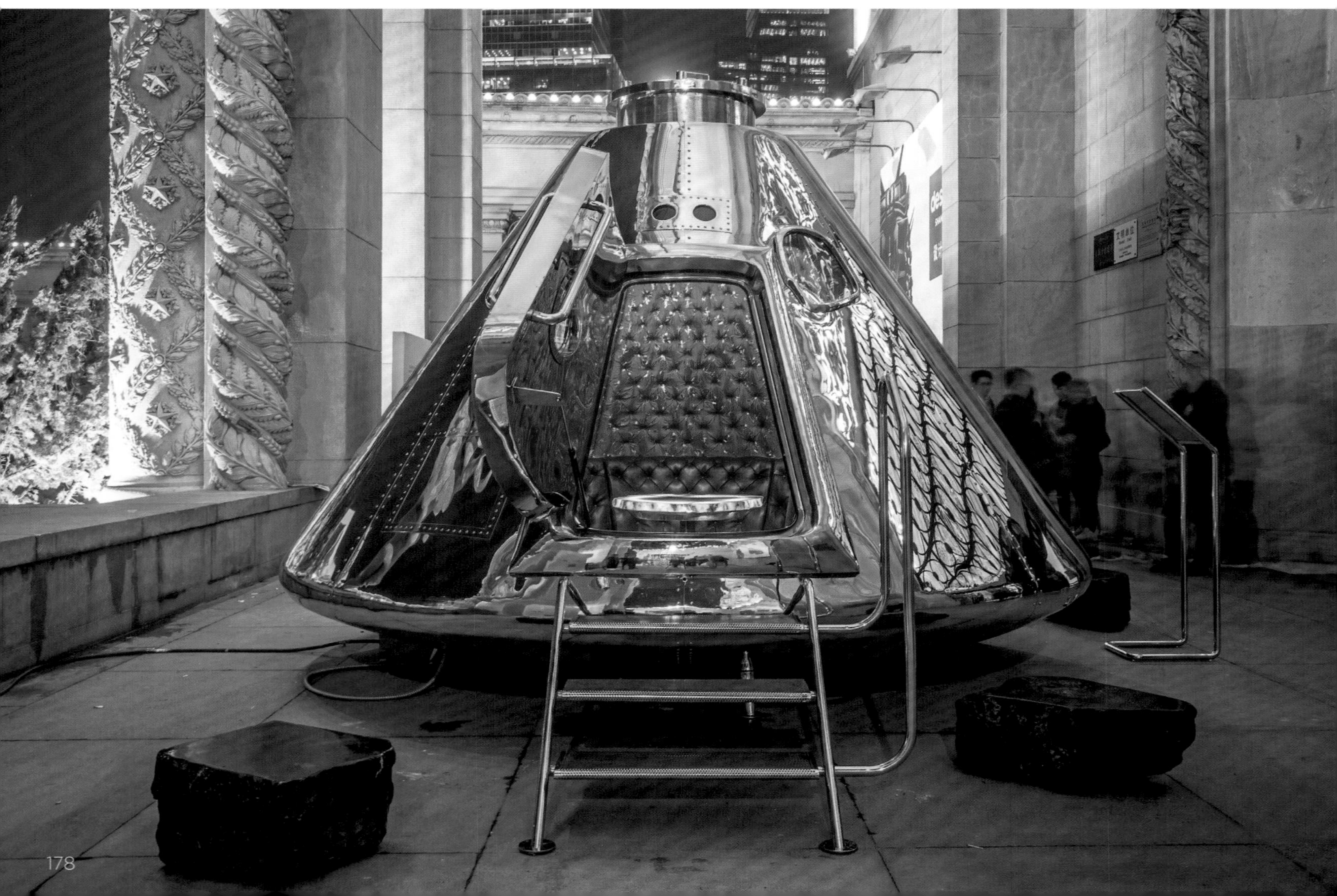

设计师： 蒂姆·奥尔顿（Tim Oulton，图左）、西蒙·洛斯（Simon Laws，图右）

公司： 蒂莫西·奥尔顿工作室有限公司

该公司位于英国伦敦，是一个多学科的设计机构，业务范围覆盖酒店、零售店、住宅和办公场所的室内设计，以独特的视角创造以接待艺术为中心的空间。目前的项目包括位于英国伦敦的一家酒吧、位于土耳其伊斯坦布尔大巴扎中心的一家咖啡馆，位于中国广州的一家私人会所。最近的项目包括位于中国东南部的一家葡萄酒俱乐部和餐厅，位于印度阿里巴格的一处私人豪华住宅，以及位于印度新德里的一家以居酒屋为灵感的日式餐厅。

设计理念： 用真实的材料创造发自内心的体验

佩里扎里工作室

设计师：克劳迪娅 · 佩利扎里（Claudia Pelizzari）、大卫 · 莫里尼（David Morini）

公司：佩里扎里工作室，在意大利米兰和布雷西亚都设有办公室，主要业务范围是建筑和室内设计，项目包括高端住宅设计、历史建筑修复、全球的精品酒店和餐厅设计。目前的项目包括意大利位于加尔达湖上的别墅，位于罗马市中心的顶楼公寓，位于威尼斯大运河上的一座建筑的翻新，以及位于意大利北部的一座17世纪建筑中的一家精品酒店。最近的项目包括为位于米兰的两家餐厅，位于米兰的由扎哈 · 哈迪德设计的豪华公寓，以及帕多瓦乡村的农舍翻新。

设计理念：永恒的优雅

设计师： 安吉洛斯·安吉洛普洛斯（Angelos Angelopoulos）

公司： 安吉洛斯·安吉洛普洛斯设计公司

该公司位于希腊雅典，为私人住宅、商业项目、酒店、水疗中心、美食空间、俱乐部和活动场所提供定制的概念及安装服务。最近的项目包括位于希腊克里特岛81公顷的海上度假酒店和水疗中心（配备300间卧室、50间套房、健身房、水疗中心、餐厅和游泳池区），位于克里特岛的一家商业城市酒店、一组带游泳池并能俯瞰爱奥尼亚海的别墅，以及位于罗德岛的一家精品酒店。目前的项目包括位于希腊米科诺斯的一处拥有9间卧室的私人住宅（拥有独特的180° 日落景观、室内早餐吧、水疗、游泳池、酒吧、室外电影院、桑拿和健身房），基克拉迪群岛豪华精品酒店的所有套房，一个面积1500平方米的雅典高原公寓、拥有一间巨大的绅士专用雪茄房和50辆劳斯莱斯和宾利汽车，同样位于雅典、拥有地下游泳池和休息区的私人住宅，位于福莱甘德罗斯岛的一家拥有豪华套房的精品酒店。

设计理念： 全局、一体化、提升生活品质

安吉洛斯·安吉洛普洛斯

CCD香港郑中设计事务所

设计师：郑忠（Joe Cheng，图中）、胡伟坚（Ken Hu，图左）、杜志越（Aiden Du，图右）

公司：CCD香港郑中设计事务所

CCD香港郑中设计事务所，是中国可以做国际顶级品牌酒店室内设计的机构之一，专业提供室内设计及顾问服务，服务范围涵盖前期顾问、建筑设计、室内设计、机电、灯光、标识、软装、艺术品等领域。覆盖酒店、企业总部大厦、商业综合体、高端住宅等业态。近期的项目包括位于中国深圳海岸线拥有优越自然环境的度假酒店、结合南京历史和古典庄园的高尔夫度假酒店，以及云南民俗小镇中别具一格的红砖建筑酒店。 目前在建作品包括北京四合院式酒店、南京矿谷温泉度假村和苏州自然湖景度假村。

设计理念：东意西境

设计师：叶卡捷琳娜·亚科文科（Ekaterina Iakovenko）

公司：JP室内设计工作室

该工作室位于俄罗斯莫斯科，为室内设计提供定制解决方案。目前的项目包括位于西班牙马拉加的一套豪华公寓，位于俄罗斯莫斯科郊外阿加拉洛夫庄园（Agalarov estate）内一处1300平方米的家庭住宅（拥有当代装饰艺术室内设计、露台和游泳池），一座设计古典的600平方米的私人家庭住宅。

设计理念：轻盈、装饰性、个性

JP室内设计工作室

G

格雷格·纳塔莱

设计师： 格雷格 · 纳塔莱（Greg Natale）

公司： 格雷格 · 纳塔莱设计工作室

该公司位于澳大利亚悉尼，专业从事豪华住宅和商业空间的建筑和室内设计。目前的项目包括澳大利位于莫斯曼的以维多利亚州的一处历史宅基地（Villa Necchi Campiglio）为灵感的别墅，位于达令赫斯特的格雷格 · 纳塔莱公司新设计总部和一处住宅（该住宅所在地以前是一处马厩）。最近的项目包括澳大利位于维多利亚地区的一个零售品牌的员工总部，位于布里斯班河上的一座现代宫殿式住宅，以及位于悉尼海港大桥旁的一座顶楼公寓。

设计理念： 度身定制，精密，层次分明，采用大胆的色彩和图案

詹妮弗·加里格斯

AFRICAN AMERICAN ART

设计师：詹妮弗 · 加里格斯（Jennifer Garrigues）

公司名称：詹妮弗 · 加里格斯室内设计工作室

该公司位于美国棕榈滩，专业从事住宅项目。最近的项目包括美国位于北棕榈滩的一座带有室外凉廊的花园，位于佛罗里达州朱庇特岛的全面翻新工程，以及位于北棕榈滩的大规模翻新工程。目前的项目包括美国位于纽约市西村的一座宏伟的复式建筑（平台可以俯瞰哈德逊河和自由女神像），位于北棕榈滩的一座景观秀丽的新建筑，以及同样位于北棕榈滩、可以看到高尔夫球场的全面重建工程。

设计理念：优雅，充满异国情调的全球时尚

PICASSO
MATISSE

范轶

设计师: 范轶（Frankie Fan）

公司: 叠加设计

该公司由设计师范轶创始于中国北京，并相继在上海、深圳、武汉、成都等城市设立分公司，专注为地产商和零售商提供设计服务，参与的众多项目均获得了瞩目的商业价值并在业内取得良好声誉。目前的项目包括中国杭州蓝城的冰雪大世界、武汉企业大道1号的展览中心和北京丽宫别墅。最近的项目包括中国儿童中心的儿童博物馆、苏州万科天空公园销售中心和武汉的江景公寓。

设计理念: 设计共生

I LOVE THIS GAME.

斯特凡诺·多拉塔

CLASSIC RESIDENCES

设计师：斯特凡诺 · 多拉塔（Stefano Dorata）

公司：多拉塔工作室

该工作室位于意大利罗马，主要设计欧洲、北美、南美、中东和远东地区的公寓、酒店、别墅和游艇。目前的项目包括意大利位于罗马科佩德的一栋建筑，位于里米尼的一栋房子和位于意大利南部奥斯图尼的一家酒店。最近的项目包括位于特拉维夫贾法的一处房屋，位于罗马的一套公寓和位于庞萨岛的一套家庭住宅。

设计理念：在每个项目中寻找“刺激”元素

克里斯·哥达德

设计师： 克里斯 · 哥达德（Chris Goddard）

公司： 哥达德设计集团

该集团位于美国阿肯色州斯普林代尔市，是一家获得过国际奖项的豪华住宅和商业场所室内设计机构，专门致力于创造充满故事情节的永恒室内设计。目前的项目包括位于英属大开曼岛七英里海滩的豪华顶楼公寓，位于美国阿肯色州小石城的纪念性石头和玻璃住宅，以及位于美国得克萨斯州带有庭院和船库的湖边复式建筑。最近的项目包括一处位于棕榈滩的住宅，一处位于阿斯彭的山间小屋，以及一处位于阿肯色州费耶特维尔的历史悠久的河边休养地。

设计理念： 永恒的优雅

LUST
SUNSHINE
CASH
puppies

LOUIS VUITTON

李想

BOB DYLAN
BOB DYLAN THE LYRICS

设计师: 李想（Li Xiang）

设计公司: 唯想国际

该公司位于中国上海，是一家秉持着高度追求艺术性美学与实用性功能完美融合的国际建筑设计公司，所承接的项目当前已涉及亲子、酒店、办公、零售、文化、商业等多元业态领域。目前正在建设中的项目包括多家钟书阁城市店以及北京一座大型室内亲子乐园等。近期完工项目有南宁五象万象汇主题区、紫领长兴幼儿园、上海大白兔旗舰店等。

设计理念: 给未来，设计一个惊喜

ELICYON设计公司

设计师： 查鲁 · 甘地（Charu Gandhi）

公司： Elicyon设计公司

该公司位于英国伦敦肯辛顿，成立于2014年。2020年该公司在伦敦的私人住宅和领先开发项目中完成了一系列地标性的设计，包括切尔西豪宅、兰卡斯特门、梅菲尔公园公寓和一个位于骑士桥博福特花园的新精品店开发项目，以及位于阿联酋迪拜和科威特的国际项目。目前的项目包括英国位于海德公园一号的一套5居室公寓，位于马里莱伯恩的一套顶楼公寓以及位于沙特阿拉伯的一套宫殿式住宅。最近的项目包括位于阿联酋迪拜的一套顶楼公寓，英国位于伦敦波弗特街联排别墅的两个公寓单位和位于梅菲尔的一套三居室公寓。

设计理念： 讲故事是Elicyon设计理念的核心

LONDON
OCULUS

卢卡斯/埃勒斯设计公司

设计师：桑德拉 · 卢卡斯（Sandra Lucas，图左）、萨拉 · 埃勒斯（Sarah Eilers，图右）

公司：卢卡斯/埃勒斯设计公司

该公司位于美国休斯敦，根据客户的不同品位和个性，打造永恒、周到的室内设计。目前的项目包括美国位于罗得岛州布里斯托尔的一个大型度假屋、位于得克萨斯州西部的一个20世纪40年代的牧场大院，以及一个位于克雷斯特德比特的多层钓鱼小屋。最近的作品包括美国位于弗吉尼亚州的一处房产、位于南卡罗来纳州基洼岛上的一处度假屋，位于休斯敦的一个艺术收藏家之家，以及位于休斯敦周围的坐落在连绵起伏的山峦中的房屋。

设计理念：从开始到安装，完全是度身定制的设计

曹刚

设计师: 曹刚（Gang Cao）

公司: 河南二合永建筑装饰设计有限公司

该公司位于中国郑州。专注于小型建筑、高端私人住宅、酒店、商业设计。当前项目包括中国郑州长安古寨，酒店、餐饮、伊川树下酒店建筑及室内、郑州冠景高端住宅。最近工作包括郑州地产销售中心、东坡村老房改造、郑州高层里的院子住宅室内设计。

设计理念: 有计划的，自然而然的

杰弗里斯
室内设计工作室

设计师：乔治娜 · 弗雷泽（Georgina Fraser，图左）、乔 · 艾恩斯利（Jo Aynsley，图右）

公司：杰弗里斯室内设计工作室

该公司位于苏格兰爱丁堡，是一个多才多艺的团队，思考客户的品位、生活方式和性格，专注于独特、时尚的住宅和商业项目。目前的项目包括英国位于诺森伯兰的一家新建精品酒店，位于苏格兰高地的一家新建的现代化酒店，以及一家初创饮料分销公司的商业办公场所。最近的项目包括英国位于东洛锡安的一座17世纪的豪宅，位于爱丁堡的两座截然不同的联排别墅，以及位于安尼克城堡附近的一处独特的婚礼场地。

设计理念：您的品位，我们的才华

Classic Cars
GOYA

60¢
68
FEB
STAR WARS
40¢
23
MAY
ADVENTURES BEYOND THE GREATEST SPACE-FANTASY FILM OF ALL!
STAR WARS
YOU'VE ESCAPED THE WHEEL, REBELS-- BUT YOU NOW MUST FACE THE WRATH OF DARTH VADER!
FLIGHT INTO FURY!

设计师： 埃利森 · 帕拉迪诺（Allison Paladino）

公司： 埃利森 · 帕拉迪诺室内设计和收藏公司

该公司位于美国佛罗里达州，这家精品机构专门从事定制室内设计和家具设计，埃利森还是一名产品设计师。目前的项目包括美国位于棕榈滩的一处海滨庄园和各式住宅，位于棕榈滩花园的豪宅和位于纽约的一套公寓。

设计理念： 独特、低调、宁静

埃利森 · 帕拉迪诺

LIFE SAVERS
Jackson Pollock
Motorcar Art

设计师：妮基 · 多布里（Nicky Dobree）

公司：妮基 · 多布里室内设计公司

该公司位于英国伦敦，在国际上专门承接豪华滑雪小屋和私人住宅室内装饰。目前的项目包括在法国瓦勒迪泽尔的一对标志性小屋，一座位于海边的新英格兰风格的房屋，英国伦敦一座马房的翻修以及瑞士一座小屋。最近的作品包括英国白金汉郡的谷仓改造、伦敦的一座大型家庭住宅以及横跨法国阿尔卑斯山的几座小屋。

设计理念：永恒的优雅

妮基·多布里

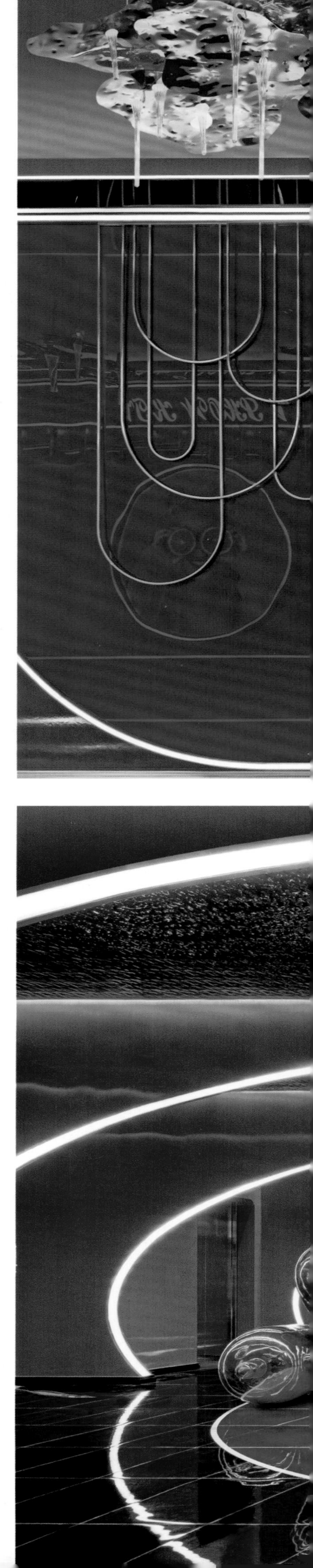

徐麟

设计师： 徐麟（Xu Lin）

公司： 加拿大立方体设计事务所

加拿大立方体设计事务所总部位于加拿大温哥华，2009年在中国境内成立了事务所，目前在广州和沈阳都有分支机构。加拿大立方体设计事务所服务于全球娱乐空间设计，在北美地区的洛杉矶、波士顿，东南亚地区的新加坡等都有在建项目。在中国境内，北京、上海、广州、深圳等各大城市都有在建及落地项目，事务所成立以来，先后设计数百件作品，累计了丰富的设计经验，屡获多项国内外设计大奖。设计团队一直以高标准、高品位的要求构建具有全球竞争力的娱乐空间设计公司。目前工作包括美国洛杉矶的一家集餐饮、酒吧、KTV于一体的娱乐综合体，美国波士顿STAGE KTV和中国深圳Party Lab KTV。近期项目包括中国贵阳ANNA KTV、广州MIX PARTY。

设计理念： 为现代娱乐休闲空间注入文化内涵，以时尚审美赋予娱乐休闲空间个性符号

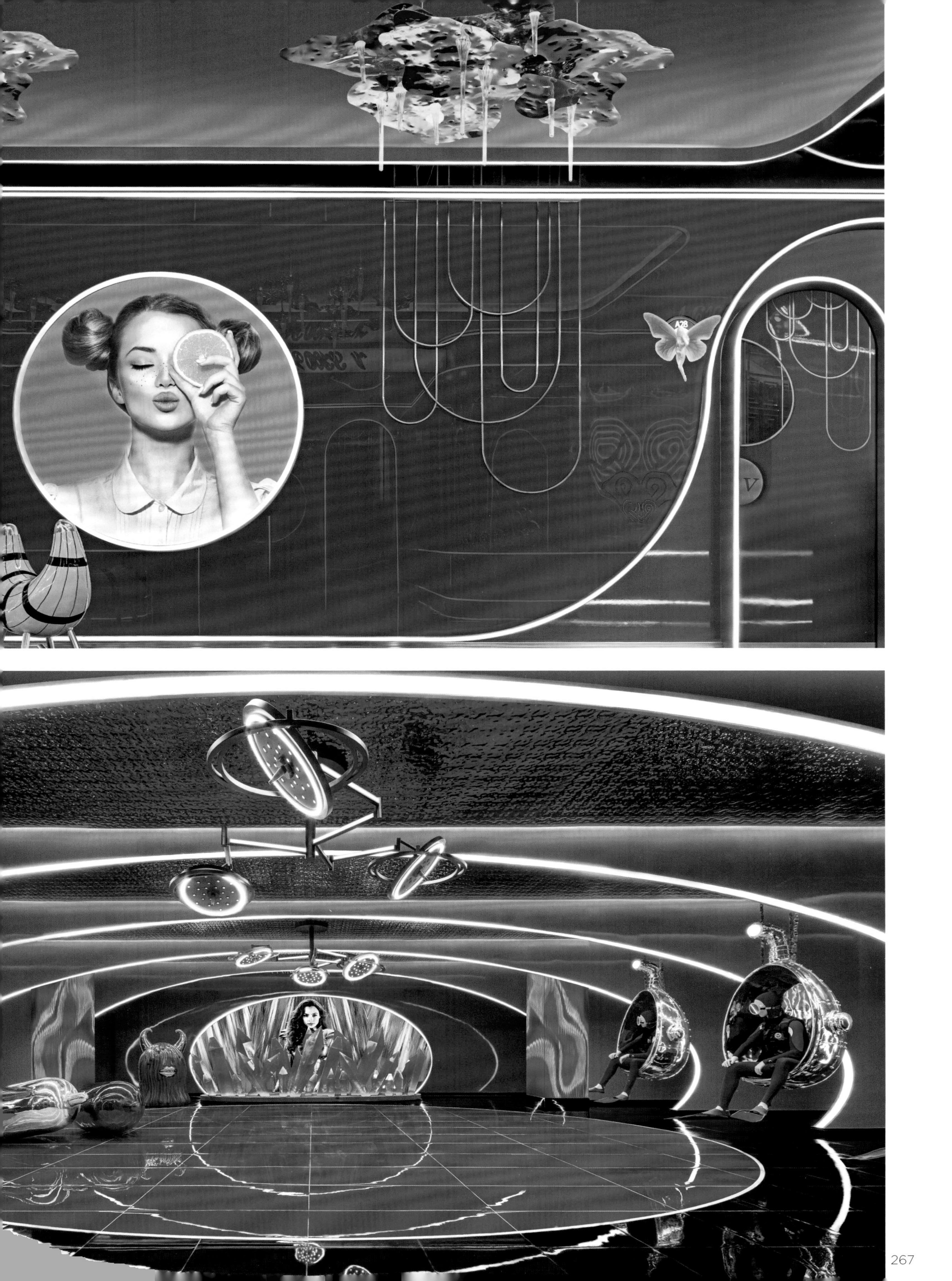

乔阿娜·阿兰尼亚工作室

设计师： 乔阿娜·阿兰尼亚（Joana Aranha，图右）

建筑师： 玛塔·阿兰尼亚（Marta Aranha，图左）

公司： 乔阿娜·阿兰尼亚工作室

该公司位于葡萄牙里斯本，采用创造性和多元化的方法，为住宅、企业、商业场所、酒店、游艇和私人飞机提供豪华的室内设计和建筑设计。目前的项目包括葡萄牙位于阿尔加维的昆塔多拉戈的一栋别墅，位于康波塔的几栋私人住宅，以及位于爱尔兰高威的一栋家庭住宅。最近的项目包括位于里斯本卢米亚尔的庄园，位于阿连特茹埃沃拉的乡村别墅和位于印度新德里的私人住宅。

设计理念： 为非凡的人创造非凡的生活

sas platters
frio cold
frio cold
gelado freezing
gelado freezing
guardanapos napkins
toalhas towels

简妮·莫尔斯特设计工作室

设计师：简妮·莫尔斯特（Janie Molster）

公司：简妮·莫尔斯特设计工作室

该公司位于美国弗吉尼亚州里士满，是一家在美国各地开展工作的、可提供全套服务的室内设计公司，专门从事当代住宅设计和历史性翻新设计。目前的项目包括美国位于佛罗里达州西海岸的一个宽敞的海滨家庭大院，位于弗吉尼亚州乡村18世纪中期种植园的历史性翻修，以及一处棕榈滩海滨公寓。最近的项目包括翻新和重新设计华盛顿特区华盛顿国家大教堂的塞勒之家，位于弗吉尼亚州麦迪逊的早山葡萄酒庄园（Early Mountain Winery）活动空间、餐厅和品酒室，以及翻新位于弗吉尼亚州里士满的20世纪20年代佐治亚河边宅邸。

设计理念：尊重过去和传统建筑，我们喜欢跨越许多当代设计流派的界限；“我不受流派、时期或血统的影响。我以善良为设计宗旨。”

EVOCATIVE INTERIORS Ray Booth
HIPPIE
DWELLINGS
SIMPLICITY
Living Well Is the Best Revenge
Calvin Tomkins
ANNE H. NEILSON

吴文粒

设计师: 吴文粒(Wu WenLi)

公司: 深圳市盘石室内设计有限公司

该公司位于中国深圳，是一家极具商业价值的设计机构，专职为房地产开发商和商业投资商提供营销中心、样板房、别墅豪宅、会所、商业空间、公共空间等室内设计及陈设设计服务。目前的项目包括中国福州的一座别墅、贵州的一家酒店和南宁的一个销售中心。最近的项目包括益阳和温岭的销售中心，以及福州的一个会所。

设计理念: 情境主义——全方位的空间体验

罗萨·梅·桑派奥

BEBA
Coca-Cola

ART NOW
MAPEX

设计师： 罗萨 · 梅 · 桑派奥（Rosa May Sampaio）

公司： 罗萨 · 梅建筑室内设计公司

该公司位于巴西圣保罗，主要从事经典而现代的室内设计。目前的项目包括巴西一座位于圣保罗的房屋，一个位于圣保罗乡村别墅的亭子，一个位于里约热内卢的顶楼公寓，以及位于巴西南部一个农场的新建别墅和游泳池。最近的项目为一座乡村别墅。

设计理念： 尺度、比例、几何、优雅、和谐

COISA, COUSA sf. 'AQUILO QVE
EXISTE OV PODE EXISTIR' 'OBJE
TO INANIMADO' | COUSSA XVIII,
XIII, COYSA XVI | DO lat. causa

HAPPY
SMILE

KKS集团

设计师：青木良彦（Ryo Aoyagi）、后藤真纪子（Makiko Goto）、吉田直弘（Naohiro Yoshida）、海合子（Masahiro Kaihoko）、加藤明美（Akemi Kato）、长岛佐树（Satsuki Nagashima）。

公司：KKS集团（日本观光企划设计社）

该集团位于日本东京，是一家建筑和室内设计机构，自1962年开始从事酒店设计。目前的项目包括位于日本的京都君悦大酒店、犬山市靛蓝酒店和俄罗斯符拉迪沃斯托克大仓酒店。最近的项目包括日本大仓酒店、铁板烧餐厅的宴会区、一家中餐厅、京都威斯汀宫古酒店和新加坡圣淘沙兵营酒店。

设计理念：“不易流行”（一个源于俳句的词），意思是“有些事情不会改变或不应该改变，但我们仍然应该不断地采用新气象并更新自己。”

MHNA工作室

设计师： 马克·赫特里奇（Marc Hertrich，图左）、尼古拉斯·阿德奈特（Nicolas Adnet，图右）

公司： MHNA工作室

该工作室位于法国巴黎，30年来，该工作室一直在设计融合功能性和美学、幻想、奢华和诗意的项目。目前的项目包括对马尔代夫康斯坦斯·哈拉维利度假村和水疗中心的全面整修，瑞士日内瓦的一个豪华住宅项目，以及对法国埃特拉塔的弗雷福斯城堡的整体整修。最近的项目包括在科特迪瓦阿比让创建一家穆文匹克酒店和艺术画廊，在法国巴黎创建一家新的彼得罗西鱼子酱概念店，以及在法国戛纳白棕榈酒店创建一家屋顶餐厅。

设计理念： 认真倾听，富有创意

SANBITTER
LILLET
PICON

SANBITTER
SANBITTER

本杰明·约翰斯顿设计工作室

设计师：本杰明·约翰斯顿（Benjamin Johnston）

公司名称：本杰明·约翰斯顿设计工作室

该公司位于美国休斯敦，这是一家屡获大奖的国际知名建筑和设计机构，专业从事豪华住宅、商业和酒店业设计。目前的项目包括美国位于加利福尼亚州的悬崖边海岸住宅，位于奥斯汀的顶楼公寓和多处湖边住宅，以及位于休斯敦的一座约2323平方米的城堡。最近的项目包括华盛顿特区乔治敦的一座历史悠久的联排别墅的翻新，一套俯瞰纽约中央公园的公寓，位于贝弗利山的一家豪华护肤沙龙，以及位于休斯敦的50层华威大厦内的公共空间。

设计理念：经典、精心策划、酷炫

Louis Vuitton
DANIEL OST

南京马蹄莲空间设计

设计师：肖锋（Xiao Feng，图左）、陈熠（Chen Yi，图右）

公司：南京马蹄莲空间设计

该公司位于中国南京，是一家专注于高端私宅、商业空间和房地产项目设计的国际化设计服务机构。目前的工作主要有位于中国南京的别墅，包括保利二十四院、玛斯兰德。近期项目包括南京泰禾院子别墅、南京证大九间堂别墅、南京万科安品园舍别墅。

设计理念：用设计提升人居幸福感

唐纳德·恩苏马洛

设计师：唐纳德 · 恩苏马洛（Donald Nxumalo）

公司：唐纳德 · 恩苏马洛室内设计工作室

该工作室位于南非桑顿，通过合作，为家庭、酒店和行政办公室策划、品牌化和定制具有当代非洲美学特征的豪华室内设计。目前的项目包括南非位于开普敦大西洋海岸的令人印象深刻的多层住宅，一家五星级精品酒店，以及位于南非约翰内斯堡、开普敦和赞比亚的一系列高档住宅。最近的项目包括南非位于德班的海边别墅、位于约翰内斯堡桑德赫斯特的令人印象深刻的庄园以及高端展厅。

设计理念：为客户创造真正的自我空间

FRANCE
McQueen

COPPER & TIN工作室

设计师：埃琳娜 · 斯皮里多诺娃（Elena Spiridonova，图右）

建筑师：罗曼 · 安德鲁森科（Roman Andrusenko，图左）

公司：Copper & Tin工作室

该公司位于俄罗斯莫斯科，具有近十年的设计经验，该工作室在海内外完成了许多项目，包括位于俄罗斯莫斯科和圣彼得堡的私人公寓，一座位于法国安提比斯的别墅，一座位于法国库尔谢夫的小屋，一座位于英国伦敦的私人住宅和一处位于摩纳哥的公寓。目前的项目包括位于俄罗斯莫斯科的几套公寓，位于法国圣巴茨岛的一栋别墅，位于英国伦敦郊外的一栋乡村别墅和位于摩纳哥的一间办公室。

设计理念：“就像舞蹈：我们引领，需要空间”

DENTON HOUSE设计工作室

设计师： 瑞贝卡·布婵（Rebecca Buchan，图右）

公司： Denton House设计工作室

该公司位于美国盐湖城，是一家屡获殊荣的全球设计公司，拥有一支超过100名员工的团队，并在美国纽约、拉斯维加斯、夏威夷，以及墨西哥的卡波圣卢卡斯设有办事处。逾25年来，该工作室为全球客户打造了很多奢华设计和经典外观。目前的项目包括在美国瓦萨奇山脉规划和开发的一个豪华社区，在卡波圣卢卡斯、夏威夷、鹿谷和肯塔基州为几个定制住宅做室内设计。最近的项目包括位于墨西哥的几处私人住宅，位于蒙大拿州的一处大型地产和位于夏威夷的住宅。

设计理念： 为生活而设计的奢华

AMERICAN FASHION MENSWEAR
LUXURY HOTELS

SODA建筑师事务所

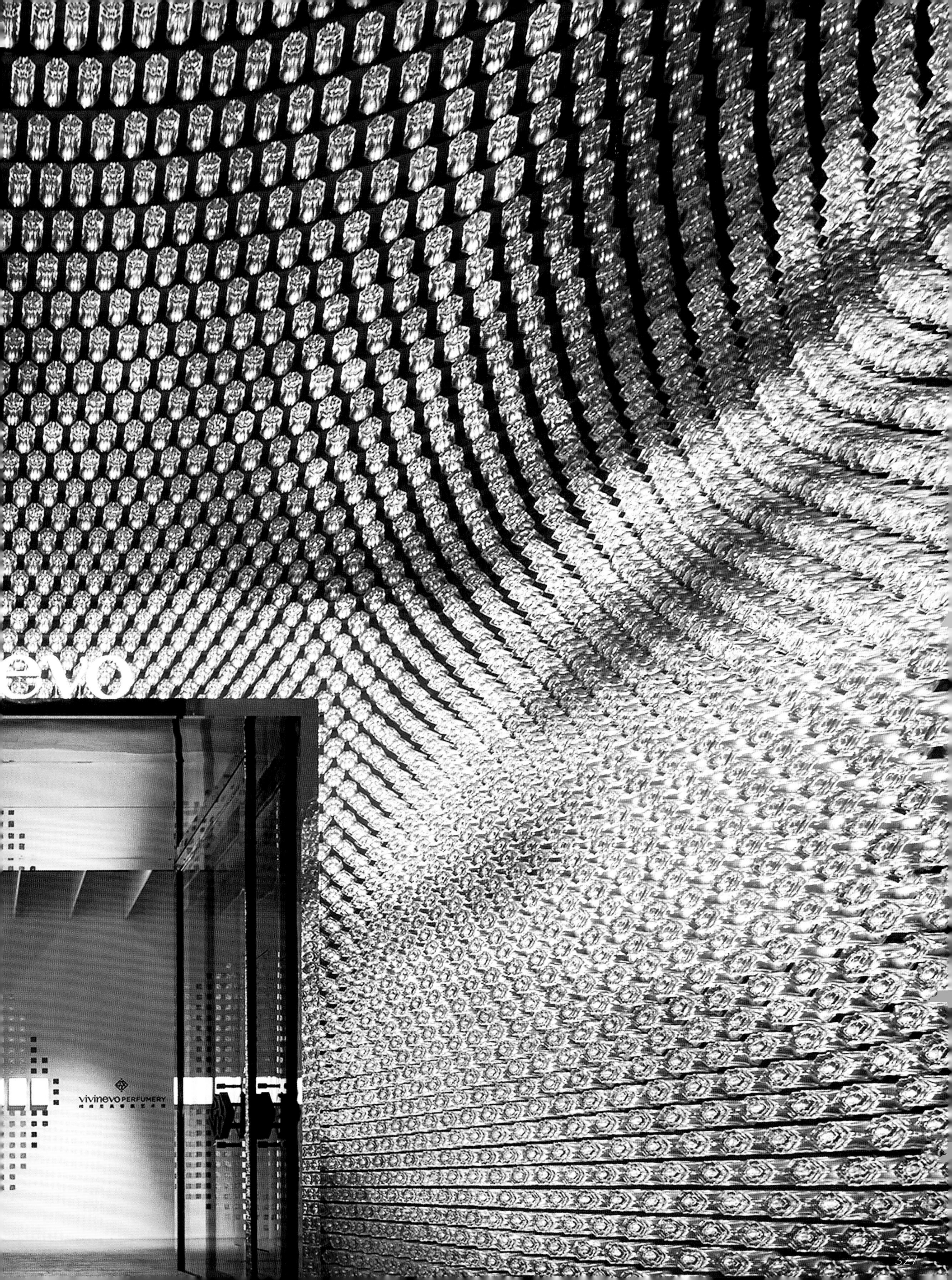
evo
vivinevo PERFUMERY

设计师：姜元（Yuan Jiang，图左）、宋晨（Chen Song，图右）

公司：SODA建筑师事务所

该事务所位于中国北京，致力于融合数字媒体的空间交互设计。出于对“人与空间”的关注，事务所结合多年的经验与研究，提出了具有时代特征的“媒体空间”设计理念。媒体空间设计强调用多媒体的呈现方式与空间融合，以探索人与环境、空间与影像的全新可能，营造多维度的感官体验。最近的项目包括北京的体验式商业空间，上海中国国际进口博览会的品牌展厅和中国国家博物馆商店。

设计理念：用空间联通虚拟与现实

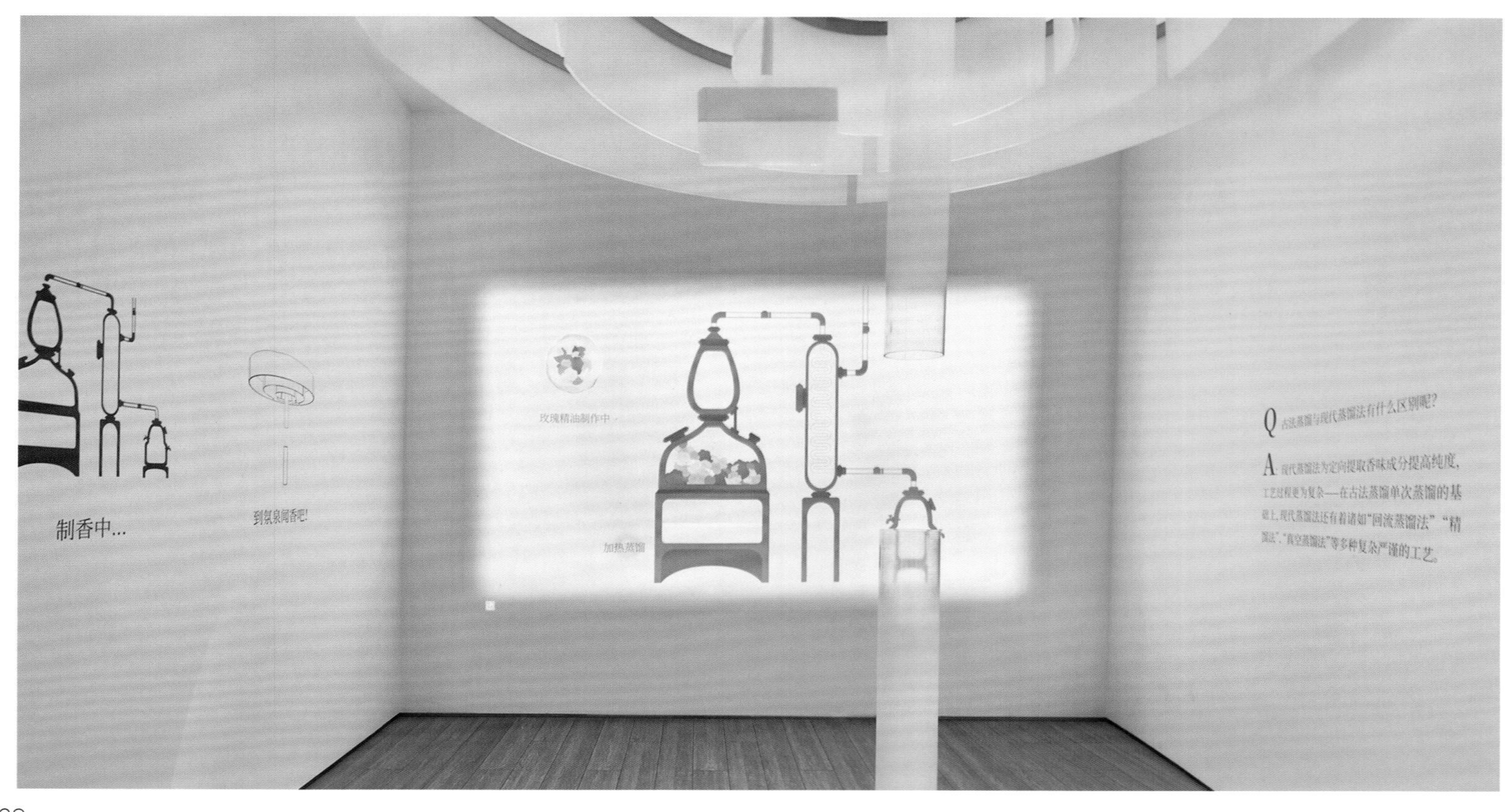

香感觉醒·可以互动的香容器
让空间紧随香水的流动，让鼻子牵引探索，寻访古香史的细腻诗意，
参与新视听的感官互动，与大师的调香艺术面对面，用沉浸式的体验
致敬香氛艺术，唤醒每个人的香感。

vivinevo PERFUMER
维维尼奥香氛艺术

vivinevo
Perfume

马里·瓦特卡·马克曼

设计师：马里·瓦特卡·马克曼（Mari Vattekar Markman）

公司名称：瓦特卡·马克曼室内设计建筑事务所

公司在挪威奥斯陆和瑞典斯德哥尔摩都设有办公室，完成的项目包括全套住宅的建造和二手房改造项目，尤其是位于斯堪的纳维亚半岛的度假屋的建造。目前的项目包括位于斯德哥尔摩市中心的一套公寓和一栋瑞典式优雅别墅，位于奥斯陆峡湾的一栋避暑别墅。最近的工作包括位于奥斯陆的一个大家庭住宅，位于斯德哥尔摩市中心的一个别致的备用屋和位于挪威南部的一个农舍。

设计理念：精致、舒适、提升生活品质

HOUSES THAT WE DREAMT OF

豪尔赫·卡涅特

设计师：豪尔赫 · 卡涅特（Jorge Cañete）

公司：室内设计哲学工作室

该工作室位于瑞士，豪尔赫 · 卡涅特的设计方法是从环境、地点和客户那里获得灵感。最近的项目包括一家美食精品店、一座修道院内的一家餐厅、一个灯具收藏的创作以及几场个人展的策划。目前的项目包括各种住宅项目，包括瑞士的一座中世纪房屋的翻修，一座可以俯瞰卢塞恩湖的私人公寓，以及创建一座当代艺术画廊。

设计理念：用叙事和诗意的理念来美化室内设计

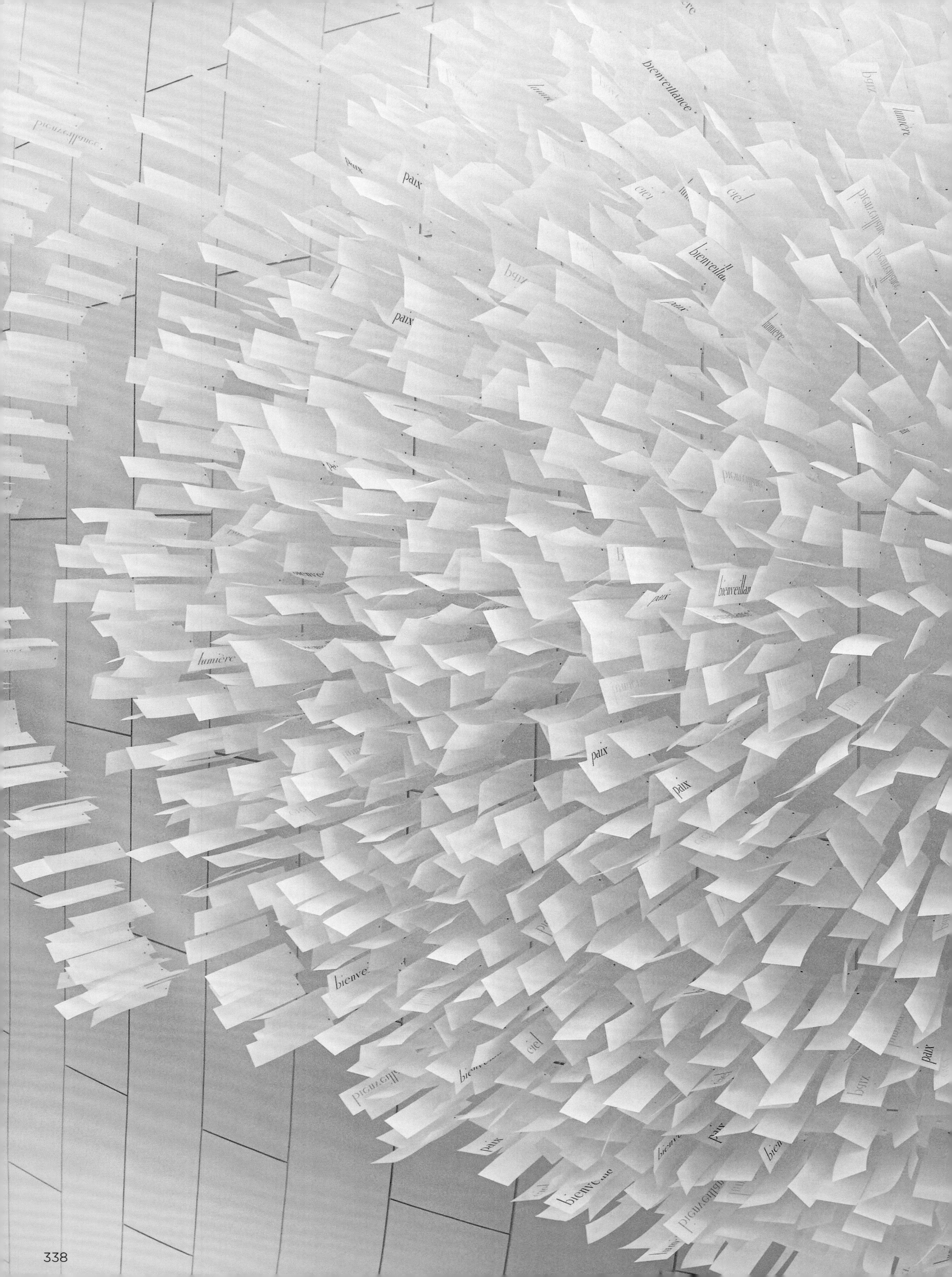
bienveillance
paix
lumière
ciel
paix
lumière
paix
paix
paix
ciel
paix
paix

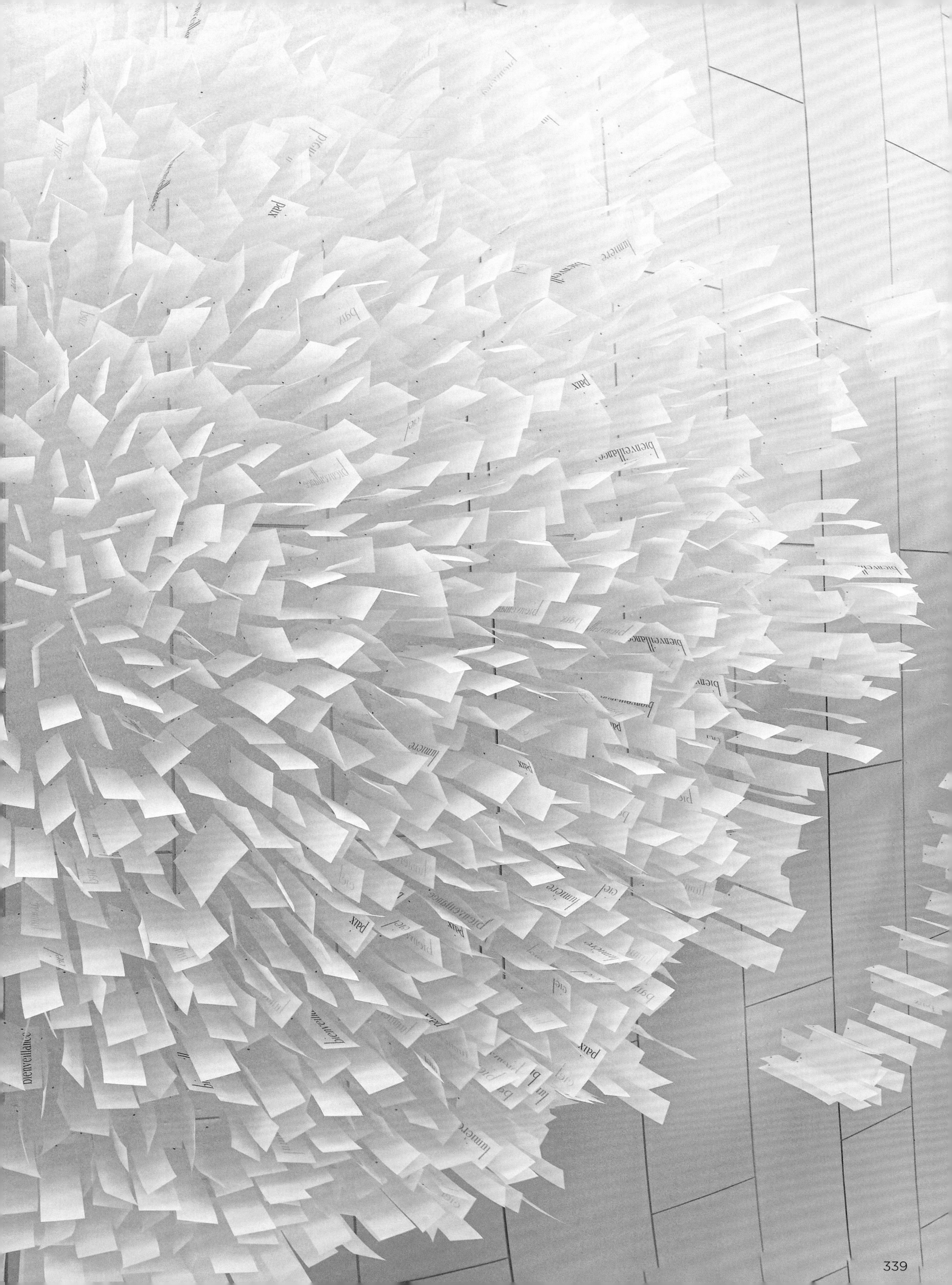
paix
lumiere
bienveillance
ciel

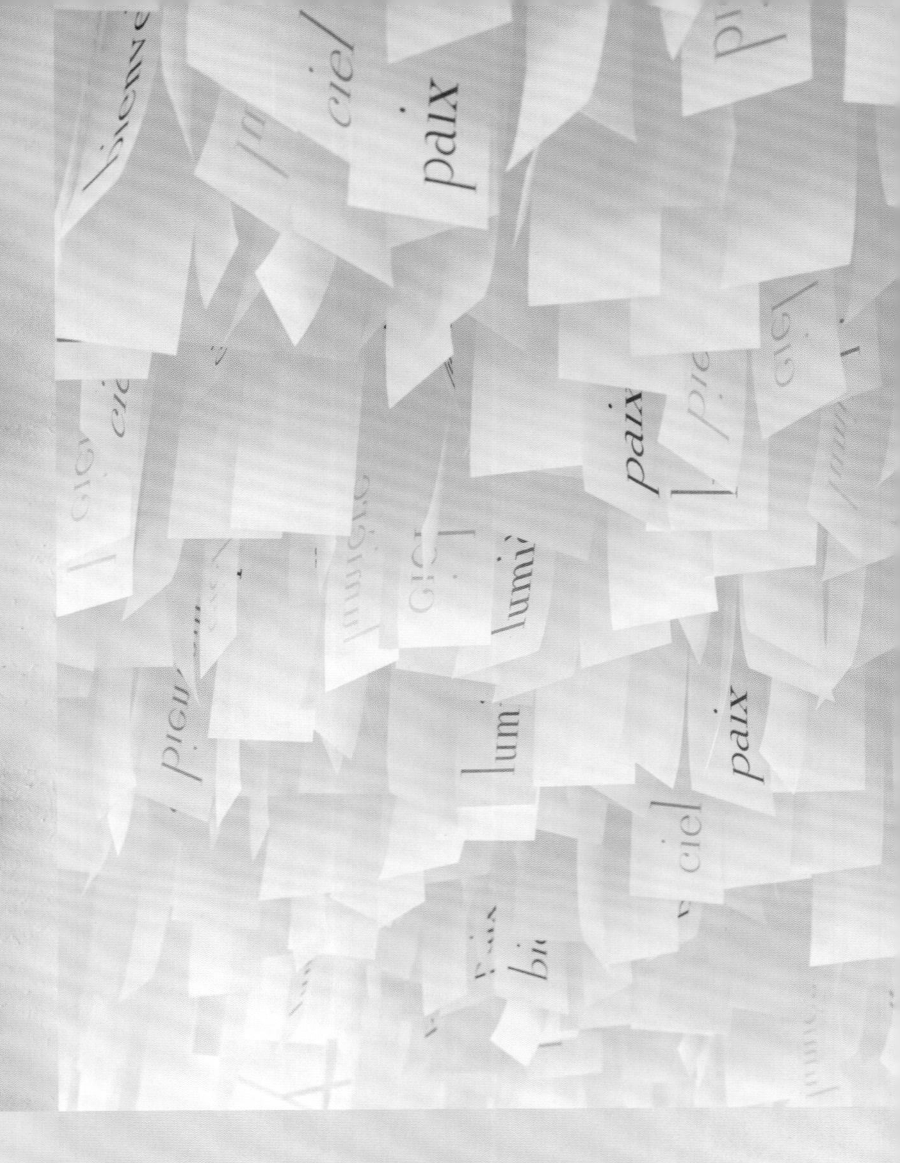

paix
ciel
paix
paix
paix
ciel

2
Je cherche l'adresse
d'un nuage. J'ai une
lettre pour lui.
Christian Bobin

池贝知子

设计师：池贝知子（Tomoko Ikegai）

公司：ikg株式会社

该公司位于日本东京，成立于2006年，以其全面的设计服务和量身定制的空间设计而闻名。池贝知子不仅是一位设计师，也是一位备受赞誉的创意总监，致力于基于坚实品牌理念的大型开发项目。目前的项目包括位于日本东京银座的一个会员俱乐部和餐厅，位于东京广尾町一座公寓的大规模翻新，以及位于中国北京的一个商业综合体。最近的项目包括日本东京一家老牌贸易公司新建大楼的大堂，东京西麻布的一栋公寓的陈列室、公共区域入口大堂和休息室，以及东京的两处豪华公寓的翻新。

设计理念：价值永存

苏珊娜·洛弗尔

设计师：苏珊娜 · 洛弗尔（Suzanne Lovell）

公司：苏珊娜 · 洛弗尔公司

该公司位于美国芝加哥，拥有执照建筑师、室内设计师、艺术顾问和商业专业人士，可提供全面集成的设计体验。目前的项目包括美国佛罗里达州那不勒斯一座可以俯瞰海湾海岸全景的1400平方米的顶楼公寓，伊利诺伊州高地公园的一座跨越三个地块的多代复式房屋，以及佛罗里达州科帕奇岛上的一座灵感源自巴厘岛的水上新建筑。最近的项目包括位于南卡罗来纳州希尔顿黑德岛的一座海洋低地乡村家庭住宅，位于伊利诺伊州橡树公园的地标式建筑——霍华德 · 范多伦 · 肖住宅，以及位于密苏里州湖畔可以俯瞰密歇根湖的悬崖顶上的一座大型度假住宅。

设计理念：定制居住环境，打造非凡生活体验

HARE+KLEIN工作室

HARE + KLEIN INTERIOR
moments

设计师： 梁志天

公司： 梁志天设计集团有限公司

该公司位于中国香港，由国际著名建筑、室内及产品设计师梁志天先生于1997年成立，是亚洲最大规模的室内设计公司之一，于2018 年在香港联交所主板上市（股份代码：2262）。设计项目遍布中国香港、内地及全球超过 130个城市，并囊括逾210 项国际设计及企业奖项。目前项目包括：阿联酋迪拜Address Harbour Point的豪华酒店式公寓和酒店客房，越南胡志明市文华东方酒店高档中餐厅，以及柬埔寨金边生态城住宅等。近期代表项目包括：中国成都及深圳麦当劳CUBE 旗舰店，上海梁志天设计集团企业文化馆SLD+，以及澳门伦敦人酒店、瑞吉酒吧等。

设计理念： 设计无界限

内哈·古普塔、萨钦·古普塔

设计师：内哈 · 古普塔（ Neha Gupta，图右）、萨钦 · 古普塔（Sachin Gupta，图左）

公司：超越设计

该公司位于印度新德里，在印度专门从事奢侈品、住宅室内设计，以及零售定制家具、照明灯具、生活配件和定制艺术品。目前的项目包括位于金奈的海滩别墅、位于斋浦尔和新德里的农舍。最近的项目包括位于乌代布尔的一座城市住宅、位于新德里的一家泛亚餐厅和位于新德里南部的一座城市住宅。

设计理念：新古典主义融合

YOUNG HUH 室内设计工作室

设计师： Young Huh

公司： Young Huh室内设计工作室

该工作室位于美国纽约，是一家提供全方位服务的设计机构，专门从事全球高端住宅和商业项目的设计，包括私人住宅、精品酒店、餐厅、公司办公室等领域。目前的项目包括位于美国芝加哥的一座历史悠久的都铎式大宅邸，位于布鲁克林高地和上西区的联排别墅翻新，位于杰克逊霍尔的山地住宅，位于林肯中心附近的现代高层公寓以及上西区的艺术工作室和办公室。最近的项目包括位于公园大道520号的一套跃层式公寓，一套背靠自然保护区的东汉普顿住宅，以及位于上东区第五大道外的一套绅士公寓。

设计理念： 再设计，赋予项目好奇感的叙事性

100 INTERIORS
AROUND THE WORLD
ESCAPE
HOLIDAY
HOLIDAY

佩特西·布朗特
室内设计工作室

设计师：佩特西 · 布朗特（Patsy Blunt）

公司：佩特西 · 布朗特设计工作室

该公司位于英国萨里郡，这家独立机构专门从事小型豪华住宅和商业项目的开发。目前的项目包括位于葡萄牙阿尔加维的一栋别墅、位于英国贝德福德郡的一栋16世纪的十居室房产，以及位于英国切尔西的一套豪华公寓。最近的项目包括英国位于萨里郡的一套三居室公寓，位于温特沃斯庄园的一套家庭住宅和美国位于佛罗里达州棕榈滩的一套度假屋。

设计理念：经典与现代的结合

Jazz

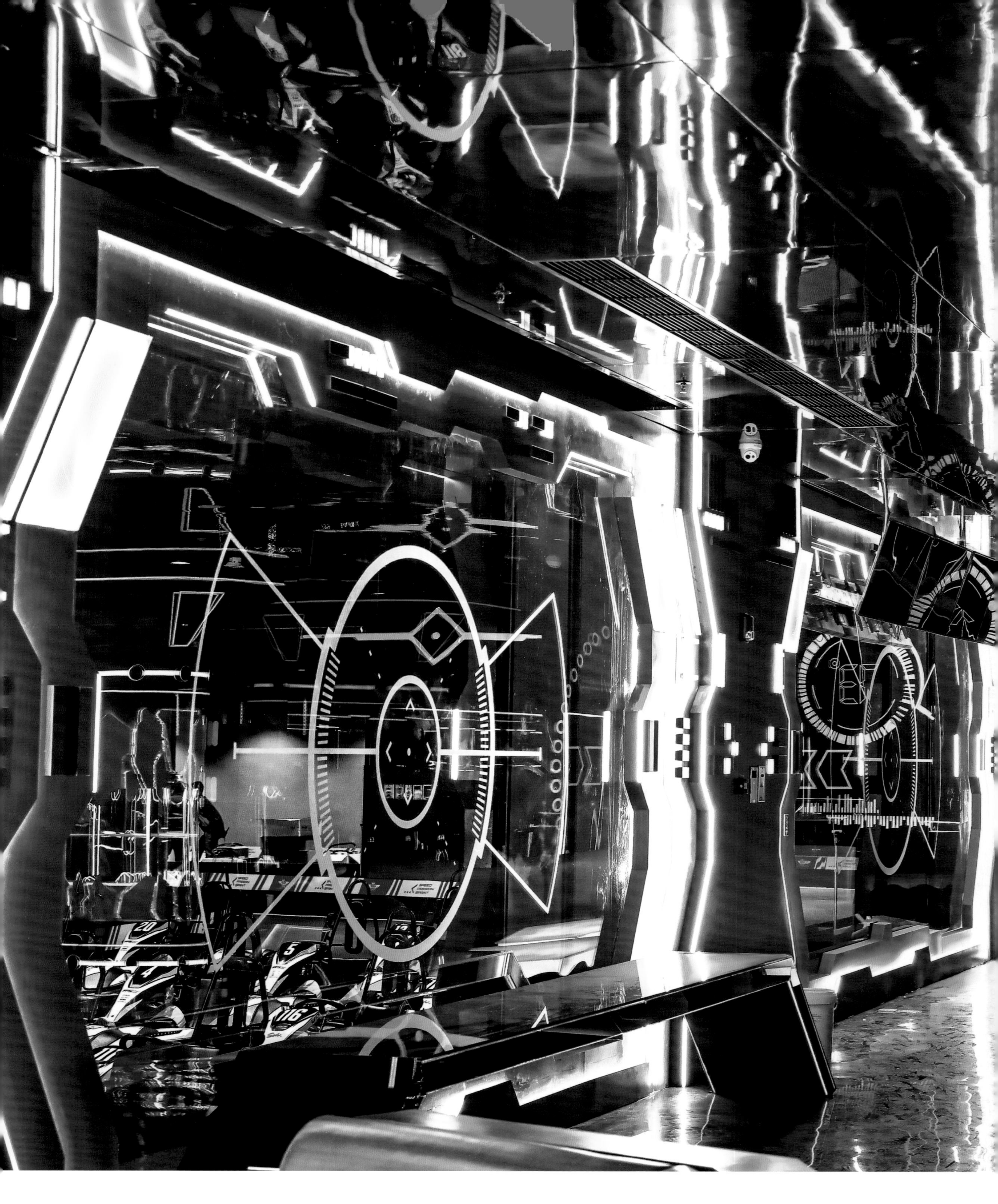

蒋缪奕、潘建洪

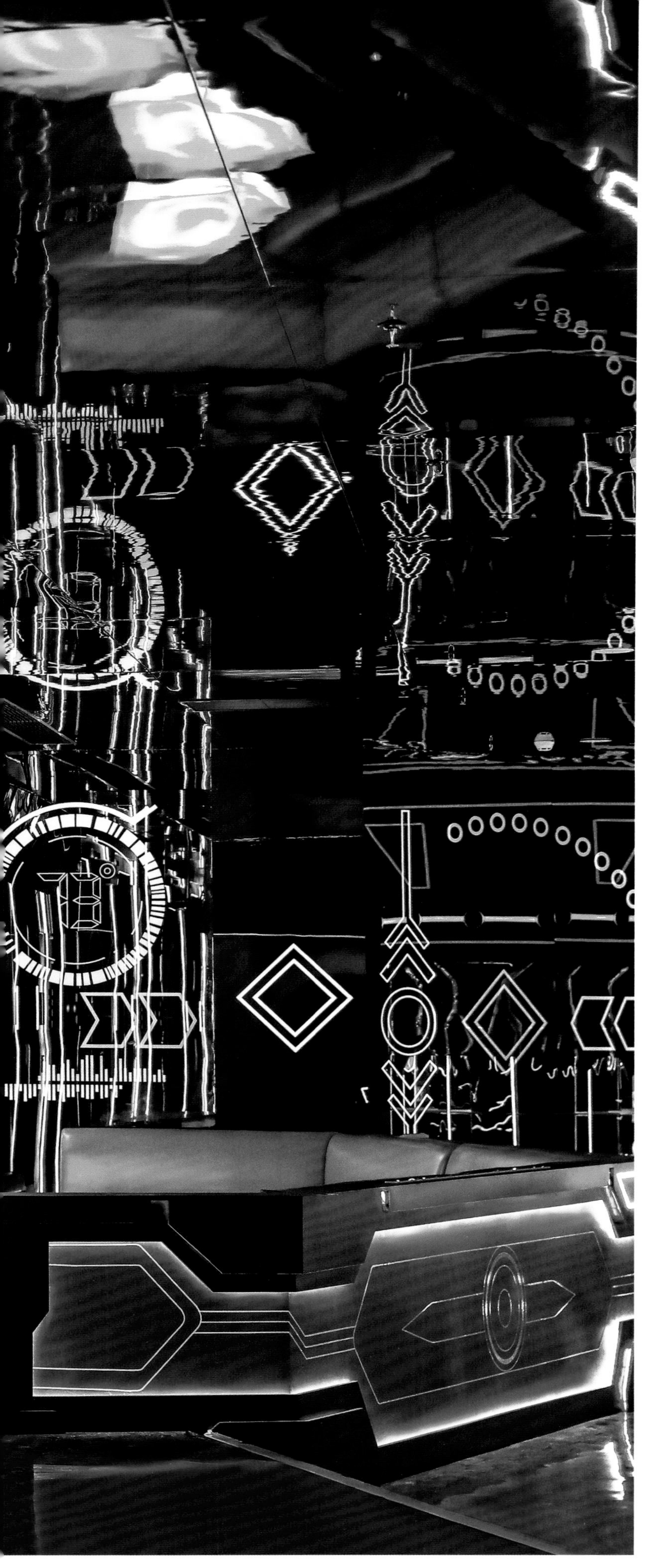

设计师： 蒋缪奕（Miaoyi Jiang，上图）、

潘建洪（Jianhong Pan，下图）

公司： 苏州金螳螂建筑装饰股份有限公司

该公司成立于1993年，总部设在中国苏州，经过近三十年的发展，形成了以装饰产业为主体的现代化企业集团。金螳螂深耕于装饰产业，业务已遍及全国及部分海外市场，具备室内装饰、幕墙、景观、软装等全产业链设计、施工服务能力，为业主提供“一次性委托、全方位服务”的一站式服务。

设计理念： 灵感来自生活

SPEED
PASSION
SPRINT
SPEEDING
SPACE

SPEEDING SPACE
L
XL
2XL
3XL

皮帕·佩顿

设计师：皮帕 · 佩顿（Pippa Paton）

公司：皮帕 · 佩顿设计公司

该公司位于英国牛津郡，是一家精品室内设计和建筑公司，专注于当代生活中科茨沃尔德时期住宅的维护改造，以适应当代生活。目前的项目大都是被列入了英国保护文物的建筑，其中被列入英国二级保护文物的有一座乡村别墅，一座爱德华时期农舍和一座庄园。最近的项目包括一栋被列入英国二级保护文物的帕拉弟奥式别墅，一栋被列入英国二级保护文物的乡村别墅和牛津郡一栋当代别墅。

设计理念：尊重过去，创造未来

CEREAL

奥尔加·哈诺诺

设计师： 奥尔加·哈诺诺（Olga Hanono）

公司： OH工作室

该工作室位于墨西哥墨西哥城，承接的都是国际性和标志性的项目，包括一座精心策划的艺术之家，位于墨西哥圣米格尔·德·阿连德葡萄园的一座家庭别墅，以及位于美国迈阿密海滩的一个简单但奢华的公寓项目等。最近的项目包括创建该工作室自己的地板系列，与一家大型欧洲瓷器制造商合作开发照明系列，以及在巴西里约设计一家以装饰艺术为设计灵感的私人俱乐部。

设计理念： 在每个项目中创造独一无二的杰作

LIGHT
THE
WAY

ALQUIMIA &
MISTICA
CAMPARI

罗伯特·卡纳
室内设计工作室

设计师： 罗伯特 · 卡纳（Robert Kaner）

公司： 罗伯特 · 卡纳室内设计工作室

该工作室位于美国纽约，专门从事纽约地区和美国各地住宅的室内设计，结合现代主义设计方法，尊重历史，欣赏优雅生活。目前的项目包括采用现代室内设计手法新建的一套三层顶楼公寓，采用历史陈设手法改造的一套20世纪20年代的公寓，采用现代、中世纪和古典意大利设计手法重新设计的一套两层顶楼公寓。最近的工作包括彻底整修美国位于汉普顿的一所住宅，位于佛罗里达州长船礁的海滨住宅，以及重新设计位于新泽西州一座20世纪早期沿海住宅的主要房间。

设计理念： 回应周围建筑与客户的需求，每个项目具有独特的设计语言

共生形态

设计师： 彭征（Peng Zheng）

公司： 广州共生形态工程设计有限公司

该公司成立于2005年，核心团队由知名设计师彭征先生以及一百多名职业设计师组成，设计业务涵盖酒店、商业、地产、办公等领域，为客户提供建筑、室内以及软装陈设的一体化设计服务。近期项目包括一个建筑室内一体化设计的大型地产项目，接下来会与一家国际建筑设计事务所合作为一个智能机器人品牌设计一个大型的品牌馆。

设计理念： 注重空间的营造，关注设计的和谐共生与建构，使设计更具包容性

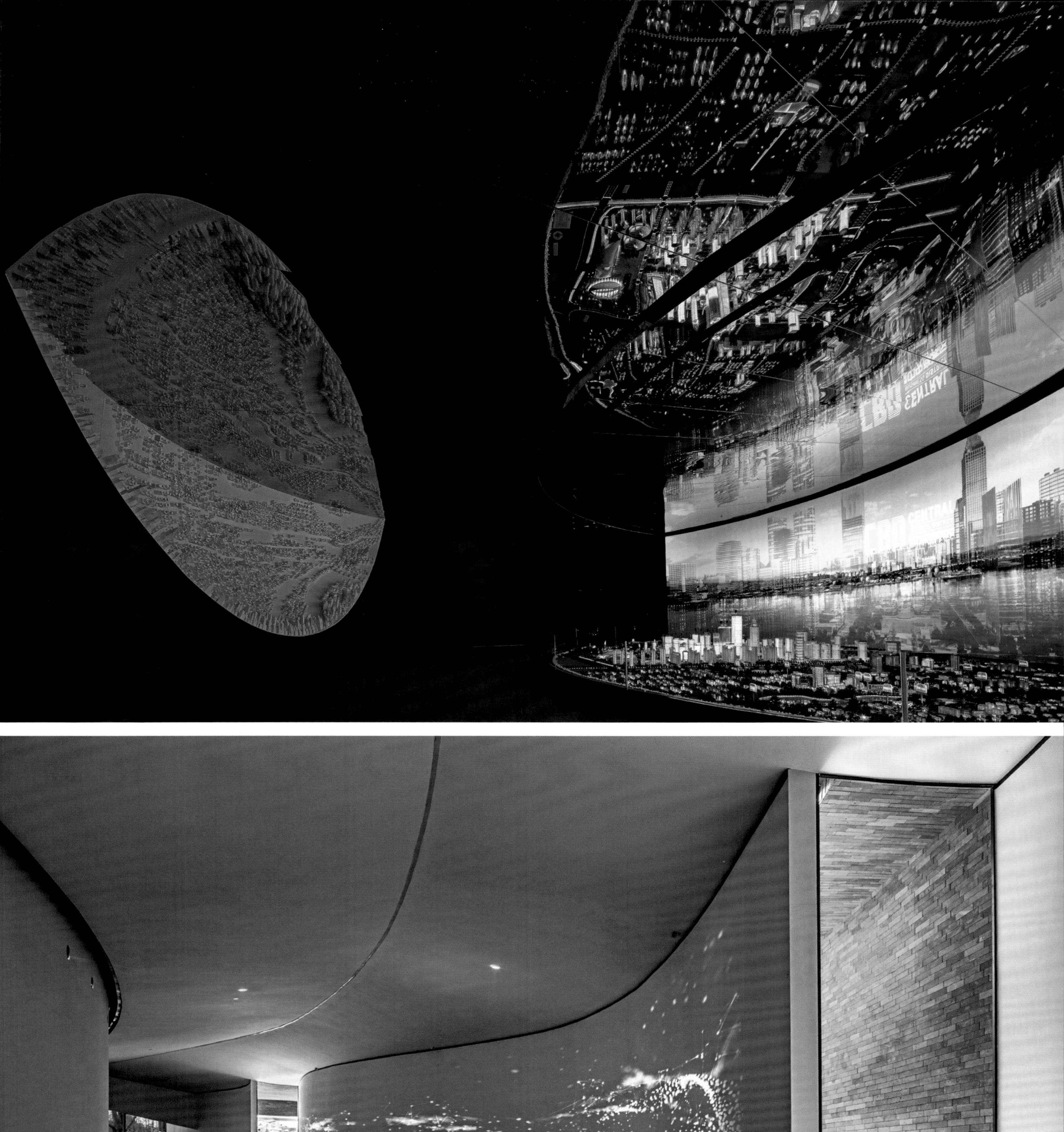
CENTRAL

泰勒·豪斯设计事务所

设计师：卡伦·豪斯（Karen Howes）

公司：泰勒·豪斯设计事务所

该事务所位于英国伦敦，于1993年由凯伦创建。它是一家屡获大奖的豪华室内设计事务所，以创造卓越的室内设计而闻名，为私人和房地产开发商提供“交钥匙”住宅室内设计、室内项目管理和家具设计服务。最近的项目包括英国位于科茨沃尔德的一栋新建的约1672平方米的乡村别墅，位于伦敦骑士桥的一座七居室房屋，以及科威特的一座宫殿。目前的项目包括英国位于骑士桥的一个47套公寓的顶级开发项目，位于伦敦索霍的一家精品酒店，以及位于阿联酋迪拜的一座约2973平方米的别墅。

设计理念：像艺术作品一样个性化

LIGHT IN ARCHITECTURE
ANDREW MARTIN INTERIOR DESIGN REVIEW VOL. 21

THE SUPERYACHT BOOK
NOMAD DELUXE

梅格·洛尼根
室内设计工作室

设计师： 梅格 · 洛尼根（Meg Lonergan）

公司： 梅格 · 洛尼根室内设计工作室

该工作室位于美国休斯敦，是一家屡获殊荣的工作室，其作品体现了典型的美国南方风格，充满活力，有一定的国际影响力，该公司为美国客户提供全方位的住宅室内设计服务。目前的项目包括位于得克萨斯州奥斯汀的一座历史悠久的中世纪滨河庄园，位于加利福尼亚州太平洋帕利塞德的一处新建的现代海景住宅，以及位于休斯敦的一处新奥尔良牡蛎/鸡尾酒酒吧概念店。最近的项目包括对休斯敦一处历史悠久的住宅区进行现代改造，整修位于休斯敦的一座大型欧洲现代乡村俱乐部住宅，以及整修位于得克萨斯州一个农场上的一座用来展示艺术和古董的二手房。

设计理念： 愉悦而经久的设计，植根于古董和艺术品

RAJASTHAN

JOHN DERIAN

SALVAGNI
DERIAN

OUR
LITTL
DARL
-ING

邓子豪、叶绍雄

设计师: 邓子豪（Philip Tang，图左）、

叶绍雄（Brian Ip，图右）

公司： 天豪设计有限公司

该公司位于中国香港，专注于香港及亚太地区的豪华室内设计，包括住宅及商业项目。目前的工作包括在中国香港的一个样板间和在香港的合作办公室，在新加坡的一个住宅开发项目。最近的项目包括中国香港的一个售楼处、菲律宾的一个住宅开发项目和泰国的别墅展示项目。

设计理念： 谦虚，回归本真

穹顶室内设计工作室

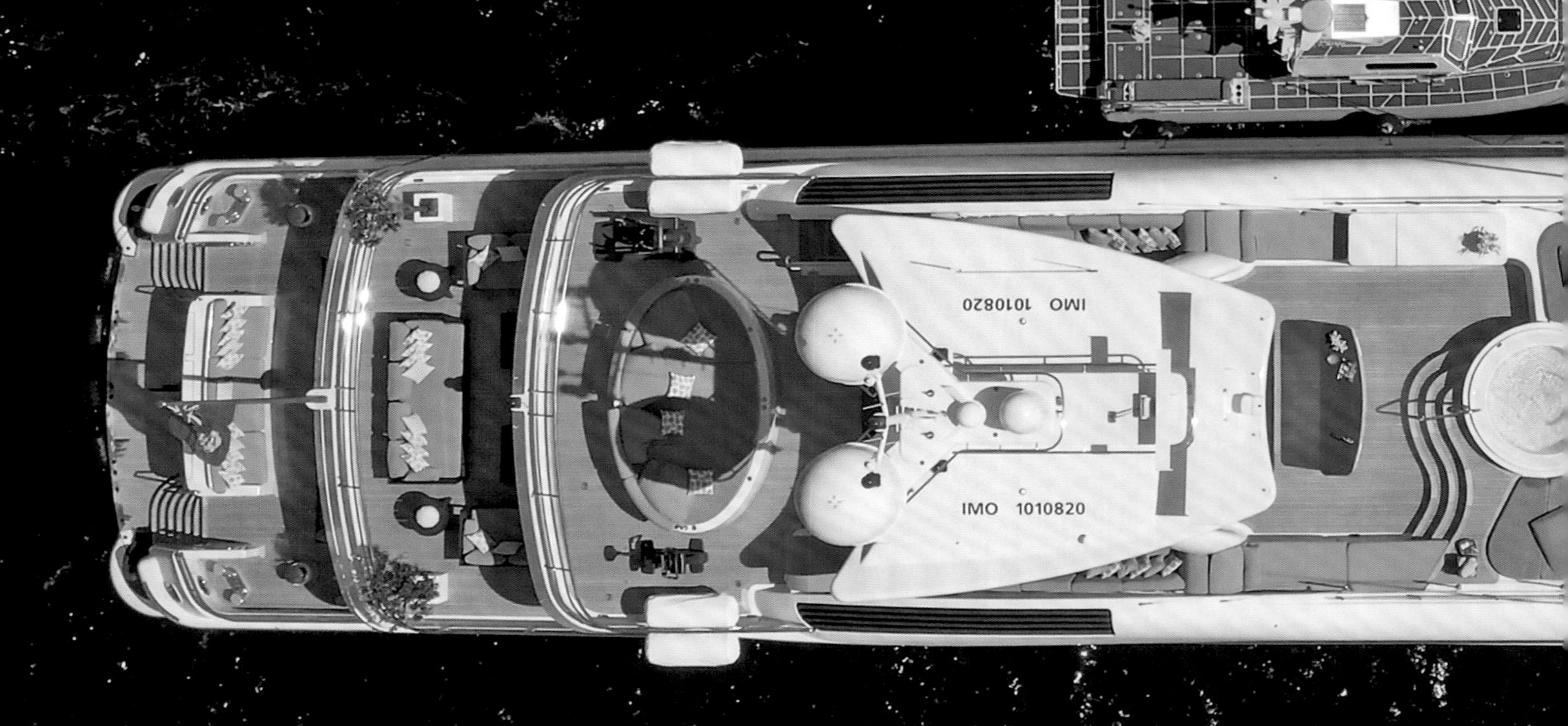

设计师：塞西尔·德莫勒（Cécile Demole）

公司：穹顶室内设计工作室

该工作室位于瑞士日内瓦。这家豪华室内设计工作室，专门从事私人住宅、小屋和商业场所的室内设计。目前的工作包括位于法国圣特罗佩的一栋避暑别墅的全面翻修，以及位于巴哈马拿骚的一栋家庭住宅和位于瑞士日内瓦的一套公寓。最近的项目包括整修一艘艾默斯游艇，以及位于美国迈阿密的一座顶楼公寓和位于西班牙马德里的两套公寓。

设计理念：激情、动力、细节

TOULOUSE-LAUTREC IN PARIS
CEZANNE EN PROVENCE

王永

设计师： 王永（Yong Wang）

公司： 北京无象空间建筑装饰工程有限公司

该公司位于中国北京，服务内容包括商业咨询、策划、建筑设计、室内设计、环境艺术设计和软装设计咨询，主要服务于商业地产、酒店和定制办公空间。项目包括同仁堂知嘛健康，发那科办公楼设计和青鸟云居民宿等。目前项目包括北京晓书馆，同仁堂知嘛健康旗舰店和万科商业空间改造项目。

设计理念： 挖掘项目背后的价值

吉米马丁工作室

设计师： 吉米 · 卡尔森（Jimmie Karlsson，图左）、马丁 · 尼尔马尔（Martin Nihlmar，图右）

公司： 吉米马丁工作室

该工作室位于英国伦敦，专注于全球的住宅和商业项目，以及他们自己的定制家具和艺术品系列。目前的项目包括英国位于莱斯特郡的一座约604平方米的乡村别墅的改造，位于伦敦西区的高端文身工作室，以及位于伦敦西区的仓库阁楼公寓。最近的作品包括位于澳大利亚努萨的一座大型艺术住宅，位于丹麦哥本哈根的一间约929平方米的办公室和位于英国肯辛顿的一套公寓。

设计理念： 敢于与众不同，精致，性感

HELMUT NEWTON

El amor
en los tiempos
del colera

蒂娜·古雷维奇、叶卡捷琳娜·波波娃

LUXURY LIVING NEW YORK

设计师：蒂娜 · 古雷维奇（Tina Gurevich）、叶卡捷琳娜 · 波波娃（Ekaterina Popova）

蒂娜 · 古雷维奇和叶卡捷琳娜 · 波波娃专业从事豪华住宅室内设计。目前的项目包括位于黑海沿岸的一套大型公寓，位于俄罗斯莫斯科的一套公寓和一栋别墅。

设计理念：注重环保，谨慎奢华

凯瑟琳·哈伊

设计师： 凯瑟琳 · 哈伊（Kathleen Hay）

公司名称： 凯瑟琳 · 哈伊设计工作室

该工作室位于美国南塔克特岛，是一家提供全方位服务的室内设计公司，专门从事住宅和商业项目的设计，展现美好生活，讲述精致故事。目前的项目包括美国位于迈阿密海滩的现代住宅，位于康涅狄格州格林尼治的私人房产，位于南塔克特岛的海滨大院，以及位于肯塔基州法兰克福的一座历史建筑中的餐厅。最近的项目包括位于南卡罗来纳州查尔斯顿的一个受欢迎的火锅餐厅，位于南塔克特岛的几个避暑庄园，以及位于玛莎葡萄园的一个家庭大院。

设计理念： 充满时尚的舒适感

RESTROOMS
167
-BRANCA
DIGESTIVO
ATELLI BRANCA
MILANO

relax...
Compagnie Maritime des
CHARGEURS REUNIS

OYSTERS
The New York Times EXPLORER
ANDREW MARTIN INTERIOR DESIGN REVIEW VOL. 21

蒋国兴

设计师： 蒋国兴（Guoxing Jiang）

公司： 叙品空间设计有限公司

叙品空间设计有限公司，总部位于中国昆山，范围涵盖餐饮、酒店、办公、会所及住宅。目前在做的项目有广州特色街区规划设计、新疆商业空间和昆山住宅空间，近期项目包括上海办公空间、福建餐饮空间和广州的酒店项目。

设计理念： 在原创设计中综合融入江南文化

妮基·德拉蒙德

A LEGACY IN WOOD
H
H

The Beautiful Cape

LOVE THE ONES YOU LOVE

设计师： 妮基 · 德拉蒙德（Nikki Drummond）

公司： 妮基 · 德拉蒙德工作室

该工作室位于南非开普敦，专门从事住宅和商业空间的室内设计和室内装饰。目前的项目包括位于开普敦康斯坦蒂亚的一座住宅，位于西开普省赫尔曼努斯的一座海滨别墅，以及位于南非德班希尔克雷斯特的一座宏伟的庄园农舍的改建（改建为共享工作空间和办公室）。最近的项目包括南非位于德班克鲁夫的一个农舍厨房，位于开普敦海岬的一个公寓和位于康斯坦蒂亚的一处房屋。

设计理念： 创造个性化的感官空间

瓦莱莉娅·莫斯卡列娃（拉祖莫娃）

Charlie

设计师：瓦莱莉娅 · 莫斯卡列娃（拉祖莫娃）

［Valeriya Moskaleva（Razumova）］

公司：瓦莱莉娅 · 莫斯卡列娃设计工作室

该工作室位于俄罗斯莫斯科，专注于私人住宅的设计。目前的项目包括位于西班牙海岸和俄罗斯莫斯科的公寓。最近的项目包括莫斯科的公寓和出租公寓。

设计理念：利用每个客户的个人特点，在艺术和建筑之间找到平衡

辛迪·琳弗雷特

设计师：辛迪 · 琳弗雷特（Cindy Rinfret）

公司：琳弗雷特有限公司

该公司位于美国格林尼治，承接美国各地的豪华室内设计和装饰，包括知名客户的一级和二级私人住宅。目前的项目包括汤米 · 希尔费格位于美国佛罗里达州棕榈滩的最新住宅，位于康涅狄格州格林尼治的一处地产，以及位于佛罗里达棕榈滩的一座新建筑。最近的项目包括位于康涅狄格州达里安的一座历史悠久的海滨住宅，位于特拉华州威尔明顿的一座新建住宅，以及为一位长期客户在曼哈顿建造的一座复杂的房屋。

设计理念：舒适而奢华，好比牛仔裤搭配羊绒衫

徐晶磊

设计师： 徐晶磊（Xu Jinglei）

公司： 杭州慢珊瑚文旅设计

该公司位于中国杭州，专注于乡村文化旅游项目和城市精品项目的建筑、景观、室内设计。目前项目包括中国广州梅都工业园，杭州米其林法国星级餐厅和杭州新盛集团办公总部。最近的项目包括温州山谷酒店、艺术城堡、上海金海源办公空间和大连的一个医疗中心。

设计理念： 创造一个慢、舒适、自然、和谐的生态圈，通过传统文化和材料进行当代诠释

因格·摩尔和内森·哈钦斯

设计师： 因格 · 摩尔（Inge Moore，图左）、

内森 · 哈钦斯（Nathan Hutchins，图右）

公司： 穆扎实验室

该公司位于英国伦敦，拥有全球知名室内设计师和多种项目组合，包括豪华住宅开发以及私人住宅、酒店、超级游艇、餐厅和酒吧的设计。目前的项目包括一艘20世纪30年代的经典游艇的改造，位于西班牙巴塞罗那的一个豪华住宅的开发和位于意大利米兰的一家酒店的设计。最近的项目包括位于马尔代夫的一座五星级度假村，位于瑞士圣莫里茨的一个豪华小屋和位于法国圣巴茨的一栋别墅。

设计理念： 触觉、直觉和情境

亚历山大·科兹洛夫室内设计工作室

建筑师：亚历山大 · 科兹洛夫（Alexander Kozlov，图右）、阿纳斯塔西亚 · 布拉戈达纳亚（Anastasia Blagodarnaya，图左）

公司：亚历山大 · 科兹洛夫室内设计工作室

该工作室位于俄罗斯莫斯科，专注于欧洲的豪华室内建筑设计，包括私人住宅、商业空间、游艇和酒店。目前的项目包括位于英国苏格兰的一处19世纪的豪宅的翻新，位于英国伦敦市中心的一栋家庭住宅的翻新，位于摩纳哥的一栋历史悠久的住宅中的一间办公室和一套公寓的翻新。最近的项目包括位于俄罗斯莫斯科的一个办公室和一个水疗中心，位于法国的一座别墅。

设计理念：永恒

KANDINSKY
FUTURISM
HELMUT NEWTON
GIO PONTI

ALWAYS
FOLLOW
your
DREAMS
THE
FUTURE
is
NOW

Watercolors by Finn Juhl
LIBRARIES
bauhaus

唐纳·蒙迪

PARIS
LOUIS VUITTON VOLEZ VOGUEZ VOYAGEZ ASSOULINE
CHAMPAGNE
TONNE GOODMAN POINT OF VIEW
VANITY FAIR

设计师： 唐纳 · 蒙迪（Donna Mondi）

公司： 唐纳 · 蒙迪室内设计工作室

该工作室位于美国芝加哥。唐纳 · 蒙迪是著名的室内和产品设计师。目前的项目均在美国，包括位于密歇根州的一座现代化新住宅，位于芝加哥东湖海岸大道的两个20世纪20年代的合作社的室内装修，科罗拉多州一座包豪斯风格住宅的室内设计，以及迈阿密一座标志性建筑的装修。最近的项目包括一栋现代化两层顶楼公寓，位于芝加哥一号贝内特公园的高层折中式公寓（由罗伯特 · A · M · 斯特恩建筑集团设计），以及位于芝加哥黄金海岸的享有盛名的沃尔顿9号新古典主义豪华公寓楼的六间公寓。

设计理念： 古典主义、现代性、边界

NEVER DREA

唐忠汉

设计师： 唐忠汉（Chung-Han Tang）

公司： 近境制作

该公司位于中国台北，目前的项目包括台北的游客中心、办公室和住宅，北京的大型家庭住宅、房地产销售中心以及宁波的房子。

设计理念： 透过室内建筑的方式体验空间、光影、材质、细节，试图透过以人为本的思考探索现代东方的住宅方式回归真实的需要。提升心理仪式性的转换，让住宅不仅是满足基本的需求而是到达体验的感受，让我们所看到的不仅是设计而是对于生活的深刻体会

艾琳·马丁

设计师：艾琳 · 马丁（Erin Martin）

公司：马丁设计工作室

该工作室位于美国圣赫勒拿。艾琳 · 马丁荣获美国2017年度最佳设计师，她主要从事大型住宅、小型住宅、精品酒店、布吉酒店、昆塞（quonsets）酒店的设计。最近的项目包括20世纪40年代的棕榈泉珠宝屋的改造，曼哈顿海滩斯特兰德一栋住宅的全面翻新（翻新为摩尔风格的哥特式别墅），以及坐落在美国纳帕葡萄园中的凯乐之家（Knoll House）新建精品酒店的设计。

设计理念：和善前行

K&H设计工作室

设计师：凯蒂·格莱斯特（Katie Glaister，图右）、
亨利·米勒-罗宾逊（Henry Miller-Robinson，图左）

公司：K&H设计工作室

该工作室位于英国伦敦，是一家有六年历史的公司，他们与私人客户、酒店运营商和开发商密切合作，在全球进行新建建筑和保护建筑的设计。目前的项目包括英国位于伦敦贝尔塞斯公园的一座大型维多利亚式半独立式住宅的全面修复和扩建，位于奇切斯特附近一座卡尔远征军时期的旧庄园的改造，以及位于伯克希尔郡的一座约1394平方米的新楼的设计。最近的项目包括位于中国香港的整个街区的屋顶公寓，位于英国诺丁山的五居室家庭住宅，位于英国伦敦贝尔格拉维亚伊顿广场的一座被列为保护文物的复式公寓的改造（将野兽派风格内置于新古典主义的公寓之中）。

设计理念：一丝不苟，独树一帜，创造有趣而美丽的人居

Mark Rothko
LOOKING EAST

VUILLARD

ENGLISH
FRENCH

德雷克/安德森工作室

设计师：杰米·德雷克（Jamie　Drake，图左）、凯莱布·安德森（Caleb Anderson，图右）

公司：德雷克/安德森工作室

该工作室位于美国纽约，是一家综合性设计公司，专注于全球住宅和商业项目。目前的项目包括美国位于世界最高住宅楼中的一套平层公寓，位于纽约市的中央公园塔，位于犹他州鹿谷的一座现代主义平地滑雪屋，以及位于康涅狄格州格林尼治的一座新古典主义乡村住宅。最近完工的项目包括美国曼哈顿的多套公寓和马里布庄园酒店，位于英国切尔西的一栋伦敦式联排别墅。

设计理念：精致、文雅，有风趣

设计师：邱德光（T.K. Chu，左图）、刘家麟（Bryant Liu）

公司：邱德光设计

该公司位于中国台北，团队主要承接国际上高端的室内空间，包括私人豪宅、别墅、奢侈地产和精品酒店。最新项目包括：中国北京私人别墅、苏州中南中心及上海一家七星级标准的酒店。近期完成的项目包括苏州仁恒·耦前别墅、珠海仁恒·滨海中心、东莞保利·首铸天际。

设计哲学：新装饰主义，“现代主义的混合方言”

邱德光设计

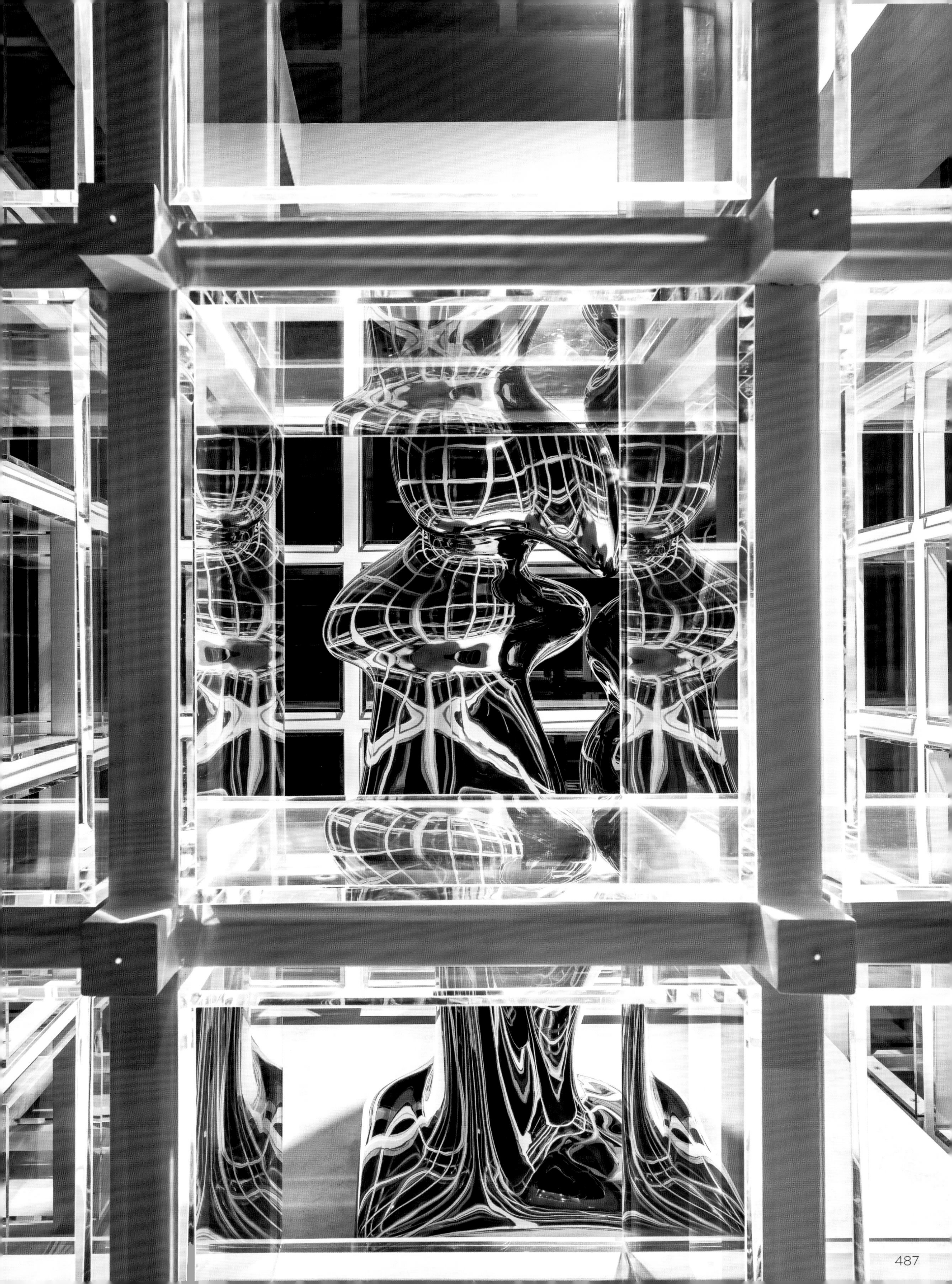

蒂内科·特里格斯

设计师： 蒂内科 · 特里格斯（Tineke Triggs）

公司： 生活艺术设计工作室

该公司位于美国旧金山，蒂内科 · 特里格斯是一位屡获大奖的室内设计师，专门承接世界各地的高端住宅项目。最近的项目包括位于墨西哥卡波圣卢卡斯的一栋海边别墅，位于美国加州北部的一栋家庭海滩别墅，以及位于美国太浩湖的一处豪华山间休养地。目前的项目包括美国位于旧金山的当代备用房，位于圣巴巴拉的住宅和位于硅谷的一个有趣的新英格兰风格住宅。

设计理念： 用个性和灵魂创造富有想象力的室内空间

LATIN
VENTE AUX
NO EL ALBUM
PONIBLE
DISPO

VOGUE
PORSCHE

VREELAND MEMOS
CHUCK CLOSE

WOMAN
STEALTH HEALTH

HOW MUSIC WORKS
DAVID BYRNE
DSM-IV-TR
NEUE SLOWENISCHE KUNST
GEORGE ORWELL
THE COMMISSAR VANISHES
DEEDS OF WAR
100 SUNS
ELLEN MARK

BRITISH EMBASSIES
A Point of View
VEERE GRENNEY
MARILYN MONROE EVE ARNOLD
GARDEN RANDLE SIDDELEY

乔安娜·伍德

设计师：乔安娜 · 伍德（Joanna Wood）

公司：乔安娜 · 伍德国际设计工作室

该工作室位于英国伦敦，是一支年轻、富有热情的团队，该团队在定制室内设计方面经验丰富，专注于豪华住宅市场。最近的项目包括英国剑桥圣体学院的主人小屋的修复、位于爱尔兰都柏林海岸的一座新建房屋和英国伦敦科文特花园内的一座顶楼公寓。目前的项目包括伦敦最古老的花园广场中的一栋被列为英国二级保护文物的房屋的全面翻新，科茨沃尔兹的一栋马车房的改造，以及骑士桥九套公寓的开发。

设计理念：经典设计传承于现代生活

设计师： 亚历山德拉 · 基德（Alexandra Kidd）

公司： 亚历山德拉 · 基德设计工作室

该工作室位于澳大利亚悉尼，为住宅和商业项目的室内设计提供广泛的定制设计解决方案。目前的项目包括澳大利亚一座悬崖边海滨别墅，一座列入澳大利亚遗产名录的家庭住宅和位于悉尼港的两套顶楼套房。最近的项目包括为一个纽约家庭建造的悉尼市中心公寓、一座假日海滩别墅，以及位于悉尼贝尔维尤山上的一座屡获殊荣的佐治亚式豪宅。

设计理念： “我们相信经过深思熟虑的设计可以真正改变生活。”

亨伯特和
珀耶特工作室

设计师：埃米尔 · 亨伯特（Emil Humbert，图右）、

克里斯托夫 · 珀耶特（Christophe Poyet，图左）

公司：亨伯特和珀耶特工作室

该公司位于摩纳哥，提供从建筑施工到室内设计的全方位服务。目前的项目包括位于韩国的三家五星级酒店，位于法国巴黎、英国伦敦和摩纳哥的豪华公寓，以及位于意大利科莫湖的一座具有历史意义的别墅。最近的项目包括法国位于巴黎的比夫巴餐厅（Beefbar Paris）、位于戛纳的奥迪亚别墅，摩纳哥位于金三角地区岩石中心的26 Carre Or住宅、位于蒙特卡洛的一栋19层豪华住宅楼，以及位于奥地利维也纳的文华东方酒店。

设计理念：尊重空间的灵魂

beefbar

布伦丹·黄

设计师： 布伦丹 · 黄（Brendan Wong）

公司： 布伦丹 · 黄设计工作室

该工作室位于澳大利亚悉尼，是一个以节制奢华著称的精品工作室。目前的项目包括澳大利亚霍瑟姆山滑雪小屋，美国棕榈海滩海滨住宅和海港顶楼公寓改造。最近的项目包括澳大利亚一个南部高地庄园和为忠实的英国、美国客户群做的各种住宅设计。

设计理念： 精致的美学结合不妥协的功能，超越客户的期望

THE NEW AUSTRALIAN GARDEN
DREAMSCAPES

凌子达

设计师： 凌子达（Kris Lin）

公司： KLID达观国际建筑设计事务所

该事务所来自中国台北，深耕于上海，至今已经走过了第20个年头，长期服务于全国前100强房地产开发商，业务范围涉及售楼处、会所、艺术馆中心、酒店、豪宅别墅及大平层样板房、办公室、公共与商业空间等领域。近期的作品有南京星河WORLD空山会所、广州中海观澜府会所、上海花漾卢湾68。

设计理念： 达者为新，观之有道

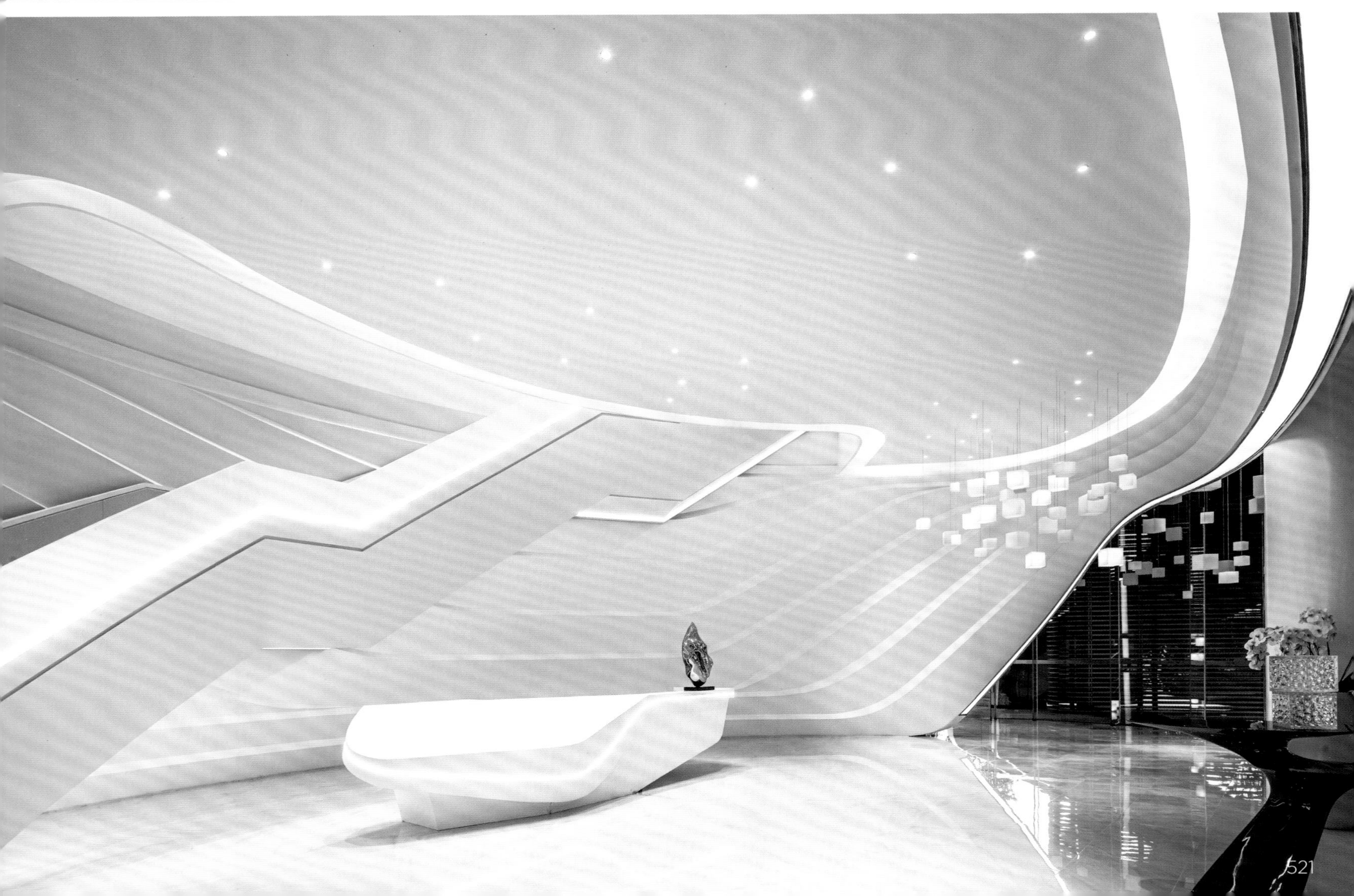

康拉德·莫尔森

设计师： 康拉德 · 莫尔森（Conrad Morson）

公司： 康拉德 · 亚历山大设计工作室

该工作室位于英国伦敦，是一家刚刚成立的设计工作室，专注于全球的商业和住宅项目的设计工作。目前的项目包括位于考文特花园中心的露天酒吧和餐厅，其设计灵感来自备受赞誉的花卉市场。最近的项目包括一家名为“里奥特夫人”的小酒馆，里奥特夫人是由18世纪女演员基蒂 · 克莱夫扮演的角色，她住在街上，在皇家德鲁里巷剧院演出。

设计理念： 一切皆有可能

MRS
RIOT

LONDON
ESSENCE

GIRLS
GIRLS
GIRLS
MAKE
A
SCENE
HERE FOR
THE
DRAMA

BRANDONI